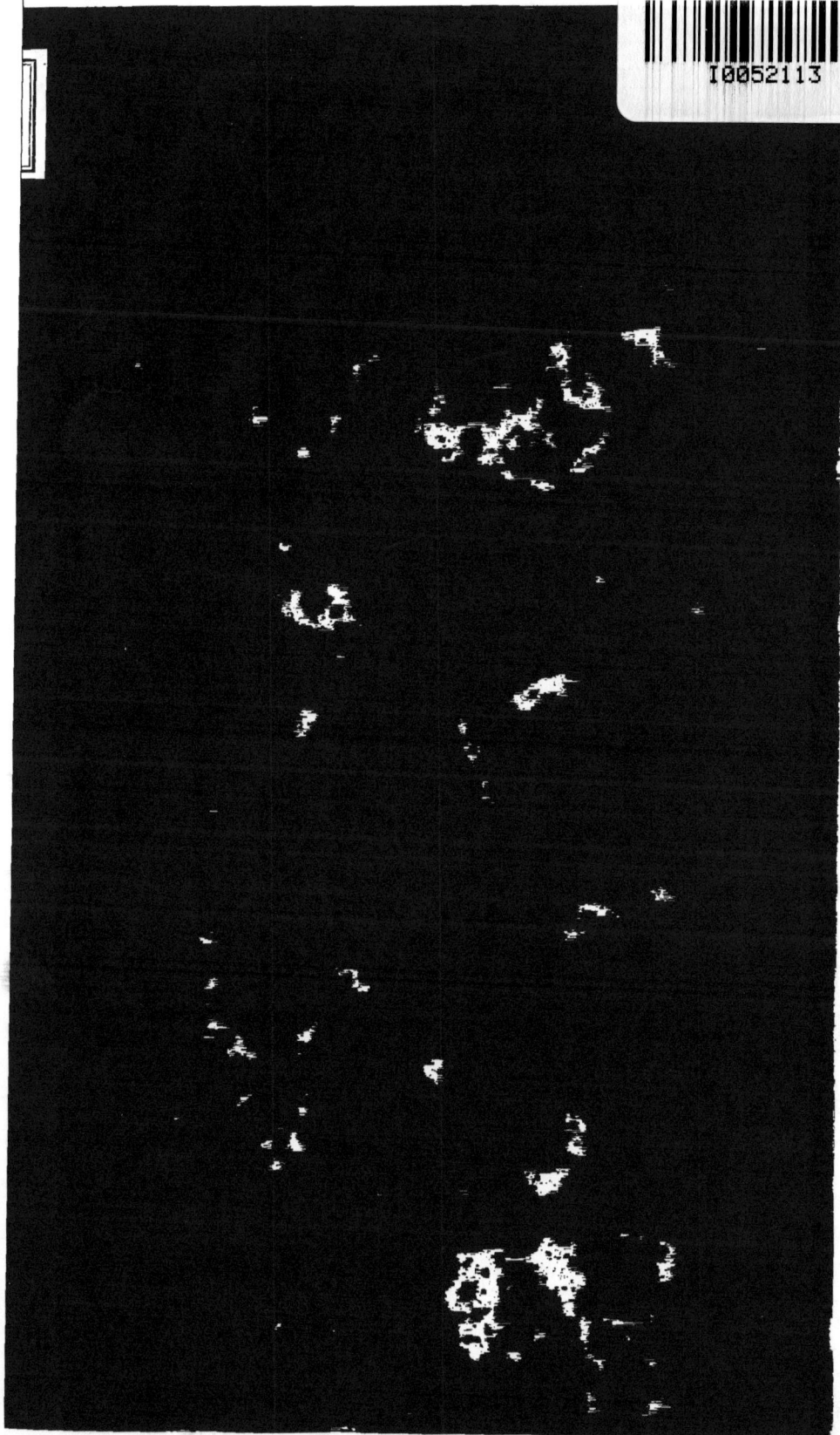

V

©

EXERCICES

ET

QUESTIONS DIVERSES

PAR

J. ADHÉMAR.

TOME DEUXIÈME.

PARIS.

CARILIAN-GOEURY ET Vor DALMONT,
QUAI DES AUGUSTINS, 49;

HACHETTE ET Cᵉ, RUE PIERRE-SARRAZIN, 14.

MATHIAS, QUAI MALAQUAIS, 15.

1852.

EXERCICES

ET

QUESTIONS DIVERSES.

PARIS. — IMPRIMÉ PAR E. THUNOT ET Cᵉ,
Rue Racine, 26, près de l'Odéon.

EXERCICES

ET

QUESTIONS DIVERSES.

Par J. ADHÉMAR.

---•◦•---

ÉPURES DE CONCOURS ET QUESTIONS D'EXAMENS.

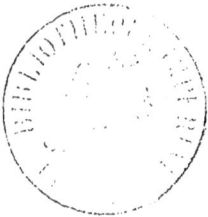

TOME DEUXIÈME.

PARIS.

CARILIAN-GOEURY ET Vor DALMONT,
QUAI DES AUGUSTINS, 49.
HACHETTE ET Cᴇ, RUE PIERRE-SARRAZIN, 14.
MATHIAS, QUAI MALAQUAIS, 15.

1852

AVIS.

Le premier volume de l'ouvrage actuel est intitulé : *Exercices de Géométrie descriptive*, parce que, d'abord, il ne devait contenir que des études relatives à cette partie des mathématiques. Mais la désignation ci-dessus ne convient plus à un recueil dans lequel j'ai cru devoir introduire plusieurs questions de géométrie élémentaire. Ensuite, le second volume contiendra quelques articles sur la statique, les machines, la construction; et sera terminé par la notice que j'ai publié en 1843 sur les irruptions de la mer au-dessus des continents. Cette brochure, trop peu considérable pour faire un volume, sera convenablement placée parmi les questions diverses.

On trouvera peut-être qu'il y a peu d'analogie entre

les phénomènes géologiques dont on reconnaît les traces dans les couches supérieures du globe terrestre, et les études géométriques qui font le sujet du volume précédent. Mais les réflexions qui précèdent indiquent suffisamment que ce recueil d'exercices n'a pas pour objet une étude spéciale; et ce qui m'a surtout engagé à l'entreprendre, c'est la facilité qui en résulte pour moi de pouvoir dire, au moment où cela me vient dans l'idée, tout ce qui me semble de nature à intéresser le lecteur sans qu'il soit nécessaire que chaque question soit préparée par celles qui la précèdent.

D'ailleurs, les recherches sur l'origine et la formation des pierres ne sont pas aussi étrangères aux études de l'ingénieur qu'elles le paraissent au premier abord. On ne peut faire un pas dans un chantier de construction sans rencontrer à chaque instant la preuve du séjour de la mer au-dessus de nos continents. Combien d'ouvriers ont été surpris de rencontrer un si grand nombre de coquillages dans la pierre qu'ils sont chargés de mettre en œuvre? Ils demandent souvent pourquoi la pierre est plus facile à tailler dans un sens que dans l'autre, pourquoi elle se *délite*, ce que c'est que le *lit de carrière*, etc.

Au surplus, pour que cette étude ne soit pas confondue avec les exercices purement géométriques, elle sera placée à la fin du volume, et le commencement restera consacré aux articles qui doivent faire le sujet des livraisons prochaines. Ces livraisons seront réunies en brochure aussitôt qu'elles auront été publiées. Il sera toujours facile d'y ajouter les feuilles nouvelles en remplaçant la couverture du dernier volume par l'une de celles qui seront envoyées aux souscripteurs.

Nota. Le nombre placé en tête et du côté opposé au numéro de chaque page, indique la planche; les numéros des figures sont placés dans le texte; le numéro de chaque article est au commencement du premier alinéa qui concerne cet article, et les nombres seuls, entre parenthèses, sont des renvois aux articles précédents de cet ouvrage. Le numéro du renvoi sera précédé de I ou II, selon qu'il s'agira du premier ou du deuxième volume. Les renvois au *Traité de Géométrie descriptive* seront indiqués par les deux lettres GD. Enfin les planches de l'atlas seront distinguées par les mots *tome* I ou *tome* II, suivant le volume auquel elles se rapporteront.

EXERCICES

ET

QUESTIONS DIVERSES.

Géométrie descriptive.

487. Exécution des épures. Il faut admettre d'abord qu'il y a trois sortes d'épure, savoir :

1° ▬▬ *Les épures de principes ;*
2° ▬▬ *Les épures d'étude ;*
3° ▬▬ *Les épures d'application ;*

488. Les épures de principes ne doivent contenir qu'un très-petit nombre de lignes ; ainsi, par exemple, s'il s'agit de la construction d'une courbe on ne conservera que les opérations nécessaires pour expliquer la méthode générale par laquelle on peut obtenir un point quelconque de cette courbe, ou les abréviations résultant de la position exceptionnelle de quelques-uns des points cherchés.

489. Les épures d'application doivent être encore plus simples que les épures de principes, car elles ne doivent contenir que les données et les résultats, sans qu'il soit nécessaire d'y conserver aucune ligne d'opération.

490. Il n'est même pas toujours indispensable de tracer sur l'épure toutes les lignes qui forment le contour ou les arêtes de l'objet que l'on se propose d'exécuter. Ainsi, dans la coupe des pierres, si un arc d'ellipse provient de la rencontre d'une voûte cylindrique avec la face plane d'un mur, il ne sera pas nécessaire que cette courbe soit projetée, car lorsque la surface cylindrique et le plan dont il s'agit seront taillés, l'arc d'ellipse provenant de la rencontre de ces deux surfaces résultera évidemment du travail de l'ouvrier, quand même on aurait négligé de tracer cette ligne sur l'épure.

491. Si les épures de principes et les épures d'application doivent contenir très-peu de lignes, il n'en doit pas être de même des épures d'étude. En effet, indépendamment des données et des résultats, elles doivent conserver toutes les lignes nécessaires pour rappeler les principes, souvent nombreux, par lesquels on a déterminé les diverses parties des lignes obtenues.

Il est bien entendu qu'il ne s'agit pas ici de la répétition fastidieuse d'une même opération exécutée autant de fois qu'il y a de points à obtenir; mais, dans la construction d'une grande courbe, il arrivera souvent que sur vingt points, chacun aura un caractère individuel qui permettra de déterminer sa position par une méthode particulière, plus simple que la méthode générale, et toutes ces abréviations doivent être indiquées sur une *épure d'étude*.

492. Indépendamment des lignes nécessaires pour rat-

tacher les données aux résultats obtenus, et pour indiquer les méthodes diverses qui ont été appliquées dans chaque cas, il faut encore qu'une épure d'étude contienne quelques-unes des vérifications les plus importantes.

Ainsi, un point obtenu doit être vérifié de toutes les manières possibles, et si une seule vérification est suffisante dans la pratique, il n'en est pas de même lorsqu'on étudie. En effet, chaque méthode employée pour vérifier la position d'un point, est évidemment une manière différente de l'obtenir; et par ce travail, on se rend habile à voir de suite, au moment de l'application, quel est le moyen le plus simple pour déterminer la position du point cherché. On peut se contenter de conserver sur l'épure les vérifications les plus importantes, mais on ne saurait en faire un trop grand nombre au crayon.

493. Il ne faut pas croire, au surplus, que toutes ces lignes produisent autant de confusion que le pensent ordinairement les personnes qui espèrent pouvoir étudier la géométrie descriptive sans faire d'épures, ce qui est absolument comme si elles voulaient apprendre l'algèbre sans résoudre une seule équation.

Mais lorsqu'au lieu de se contenter de notions abstraites, et par conséquent un peu confuses, on aborde franchement l'exécution du travail graphique, on parvient très-promptement à regarder sans aucune fatigue toutes les lignes tracées sur l'épure la plus chargée, et quel que soit le nombre de ces lignes, *on ne voit alors* que le petit nombre de celles qui se rattachent à la partie de la question que l'on considère momentanément.

Enfin, pour celui qui sait la géométrie descriptive, une épure dont toutes les parties sont liées entre elles, est beaucoup plus facile à comprendre que celle dont on aurait supprimé les lignes d'opérations.

494. Ce n'est pas d'ailleurs le grand nombre de lignes qui rend une épure confuse, mais la disposition souvent maladroite des rabattements ou des plans auxiliaires de projection.

Si l'on rabat une projection auxiliaire sur une partie de l'épure où il existe déjà une projection, ou un rabattement précédent, on rendra certainement l'épure très-confuse.

Cela cependant se fait souvent dans la pratique; ainsi, dans les grandes épures de charpente ou de coupes de pierres qui doivent être tracées à l'échelle d'exécution, on n'a pas toujours l'espace suffisant pour isoler toutes les figures développées ou rabattues, mais, dans ce cas, il n'y a pas le même inconvénient que dans les épures d'étude :

1° Parce que celui qui exécute le travail, *n'étudie pas la question*, qu'il connaît parfaitement par les études préliminaires qu'il a dû faire chez lui, à une petite échelle, avant de les répéter en grand sur le chantier ;

2° Parce que dans les *épures d'application* on ne conserve que ce qui est absolument indispensable pour tracer sur les matériaux les lignes qui doivent diriger le travail des ouvriers :

3° Parce qu'enfin, on peut tracer avec des couleurs différentes les parties de l'épure qui ne doivent pas être confondues, quoique superposées. Mais, lorsqu'on étudie, et surtout lorsqu'on exécute le dessin à une échelle réduite, il faut éviter avec soin cette superposition, qui ne permettrait pas de conserver les lignes nécessaires pour rattacher les résultats aux données, et rappeler les principes que l'on a dû appliquer pour exécuter les diverses parties de l'épure.

495. Quant au temps nécessaire pour l'exécution du travail graphique, il n'est pas aussi considérable que l'on pourrait le croire au premier abord.

Certainement ce serait un travail fort long de dessiner en imitant la gravure une grande épure de géométrie descriptive ; cela tient à l'obligation de distinguer les diverses sortes de lignes par des points de différentes sortes. Mais, cette perte énorme de temps peut être facilement épargnée en indiquant toutes les lignes d'opérations par des *encres de couleur*.

Or une épure en encre de couleur, n'exige pas beaucoup plus de temps que si elle était entièrement dessinée au crayon, et celui qui comprend bien la question à résoudre, n'emploiera certainement pas plus de deux ou trois heures pour tracer l'épure la plus composée.

496. On peut d'ailleurs dégager l'épure, en supprimant une partie des lignes d'opération, dont on ne conserve que les *attaches* ou *amorces*, ce qui suffit pour indiquer les points dont la recherche peut offrir quelque intérêt.

497. **Intersection des plans de projection.** — J'ajouterai ici quelques réflexions à ce que j'ai dit au commencement du premier volume de ces exercices, au sujet de l'expression de *ligne de terre* employée par quelques professeurs. J'ai dit alors pourquoi il ne me semble pas convenable de nommer ainsi l'intersection des plans de projection.

Mais à toutes les raisons que j'ai données, je crois devoir en ajouter une qui me paraît décisive : c'est que la droite, que certaines personnes désignent par le nom de *ligne de terre*, n'indique jamais dans les épures la surface du terrain, mais *la trace du plan vertical de projection*.

498. En effet, les ingénieurs et les architectes, toutes les personnes enfin qui sont familiarisées avec les *applications* de la géométrie descriptive, savent très-bien que dans les études d'un projet il peut y avoir un grand nombre de profils, coupes ou élévation, et par conséquent autant de plans verticaux de projections ; mais il n'y aura jamais qu'*un seul plan horizontal de projection*, quelle que soit la hauteur du sol par rapport au projet, ou du projet par rapport au sol.

499. Toutes les coupes horizontales d'un monument ou d'une maison pourront différer entre elles suivant l'étage dont elles expriment la distribution intérieure, mais elles ne dépendront pas de la hauteur du *plan horizontal sur lequel on les aura projetées.*

500. Il est bien certain que dans les études d'un canal, d'une route ou d'un chemin de fer, dans le profil d'une galerie souterraine, la ligne AZ ne représente pas la surface de la terre, qui n'est presque jamais de niveau, ni dans le projet ni dans le terrain naturel.

501. Je conçois que dans les écoles préparatoires où l'on fait très-peu d'épures, les jeunes gens s'habituent à regarder le tableau devant lequel ils sont toute la journée comme le *plan principal de projection ;* et, dans ce cas, il est naturel qu'ils cherchent à exprimer sur ce premier plan quelle est la hauteur du second : mais s'ils connaissaient le but de la géométrie descriptive, ils comprendraient que dans une question composée de construction ou d'architecture, tout se rapporte à la projection horizontale ou *plan d'ensemble*, et que les nombreux profils, coupes ou détails nécessaires pour l'exécution du projet, ne sont que des projections secondaires, rabattues en tournant autour de lignes qui

sont souvent situées à toutes les hauteurs, et qui, par conséquent, n'ont rien de commun avec la terre.

502. Le mot de *ligne de terre* conviendrait tout au plus pour désigner la hauteur du sol sur un dessin isolé, qui ne contiendrait que la projection verticale ou *élevation* d'un monument ou d'une machine ; mais dès que l'on réunit sur une même feuille les deux projections d'un objet, c'est le plan horizontal qui est la projection essentielle, et la ligne AZ est par conséquent *la trace horizontale* du plan vertical de projection.

503. Je pense même qu'il serait convenable dans les grandes épures de désigner cette droite par A′Z′. En effet, le plan horizontal étant, comme nous l'avons dit plus haut, le plan principal de projection. on nommerait A′Z′ la trace du plan vertical sur lequel les projections sont désignées par des *primes* ′ ; A″Z″ serait la trace du plan vertical sur lequel les projections sont accentuées par des *secondes* ″ ; A‴Z‴ serait la trace du plan vertical sur lequel les points sont accentués par des *tierces* ‴, et ainsi de suite. Cette notation, dont je fais souvent usage, me paraît extrêmement commode.

504. **Intersections de cylindres.** *Question proposée en 1853 pour le concours d'admission à l'École des beaux-arts.* Étant donnés (*pl.* 41) le plan P et la droite OK, située dans ce plan, on demande : 1° de construire les projections de trois cylindres circulaires de même rayon ayant pour axes ; la droite donnée OK, une seconde droite OL, perpendiculaire sur OK et située dans le plan P ; enfin, une troisième droite OU perpendiculaire sur les deux premières et passant par leur point d'intersection.
On demandait également de construire les ombres por-

tées par les cylindres sur eux-mêmes et sur les plans de projection. Mais cette dernière partie du problème ayant été suffisamment étudiée dans le traité des ombres et dans quelques-unes des planches de l'ouvrage actuel, je me bornerai à construire les projections des trois cylindres.

505. On sait (*Géom. descriptive*) que si deux cylindres circulaires ont des rayons égaux, et que leurs axes se rencontrent, les courbes de pénétration seront deux ellipses.

Or (*fig.* 2) une sphère qui aurait le même rayon que les cylindres demandés, et dont le centre coïnciderait avec le point commun aux trois axes, serait évidemment inscrite dans les trois cylindres, et si l'on circonscrit à cette sphère un cube dont les arêtes soient parallèles aux cylindres, les sections du cube par les six plans diagonaux seront les rectangles circonscrits aux six ellipses provenant des intersections des trois cylindres combinés deux à deux; de sorte que tout se réduit à la projection oblique d'un cube dont les arêtes opposées déterminent les six parallélogrammes conjugués des ellipses demandées.

La figure 1 indique la disposition de l'épure ; ainsi le plan P étant déterminé par sa trace horizontale et par l'angle Z'K'P, qui exprime son inclinaison, on projettera le point O de la droite OK sur un plan vertical de projection A'Z', perpendiculaire à la trace horizontale ZK du plan P.

Ce dernier plan étant rabattu en tournant autour de sa trace horizontale ZK, le point O viendra se placer en O″, et la droite donnée OK, O'K' se rabattra en O″K.

La droite O″L, perpendiculaire sur O″K, sera l'axe du second cylindre, et l'axe du troisième cylindre se projettera par le point O″ sur le plan P rabattu.

Le cercle décrit du point O″ comme centre avec le rayon donné pour chacun des trois cylindres sera la projection de l'un d'eux sur le plan P; et le quarré A″B″C″D″ sera la projection du cube circonscrit à la sphère qui est enveloppée par les trois cylindres.

Cela étant fait, on projettera le cube sur le plan auxiliaire A'Z', d'où on déduira sa projection horizontale.

Lorsque la projection horizontale du cube sera complète, il sera facile de construire toutes les ellipses de pénétration, puisque l'on connaît les diamètres conjugués de chacune d'elles.

Supposons, par exemple (*fig*. 4), que l'on veut construire l'ellipse inscrite dans le parallélogramme, qui a pour côtés opposés les deux arêtes AB et HG du cube ; on tracera : 1º les deux droites AH et BG, ce qui complétera le périmètre du parallélogramme conjugué de l'ellipse demandée $4x\ 6y$; 2º on déterminera le milieu de chacun des côtés de ce parallélogramme, et les droites 4-6 et xy seront les deux diamètres conjugués de l'ellipse, que l'on tracera par le moyen connu.

Pour diminuer la confusion sur les figures 4 et 7, on a distingué par une teinte de points les deux ellipses provenant de la rencontre des cylindres M et N. Ces ellipses sont projetées sur la figure 3 par les diagonales du quarré A″D″C″B″.

Les quatre autres ellipses sont indiquées par un simple trait sur les figures 4 et 6. Les parties vues de ces éclipses sont en lignes pleines ; les parties réelles cachées en points mixtes, et les parties supprimées par le passage du cylindre en points ronds.

506. On peut obtenir une très-grande exactitude dans le résultat, en déterminant d'avance sur les trois projections (*fig*. 3, 7 et 4) les quatorze points de vérification que nous allons indiquer.

507. D'abord, les points 1 et 2, projetés en un seul sur

la figure **3** , sont situés à la rencontre des deux ellipses dé-signées par des teintes ponctuées sur les figures **4** et **7**. Ces points seront déterminés sur la figure **7** en faisant les dis-tances O′ — 1 et O′ — 2 , égales chacune au rayon de la sphère inscrite dans les trois cylindres.

Les points 3 et 5 proviennent de la rencontre des deux ellipses suivant lesquelles se pénètrent les cylindres M et V. Ces deux points, situés dans le plan P, seront projetés (*fig.* 7) sur la trace du plan P, d'où il sera facile d'obtenir leurs projections horizontales (*fig.* 4).

Il en sera de même des points 4 et 6, suivant lesquels se coupent les deux ellipses provenant de la pénétration des cylindres N et V.

508. Indépendamment des six points dont nous venons de parler, et par chacun desquels passent deux des six ellipses cherchées, il existe encore huit points suivant les-quels les mêmes ellipses se rencontrent 3 à 3.

Ces huit points sont déterminés sur la figure 3 par la rencontre des diagonales du quarré A″D″C″B″ avec la cir-conférence du cercle, dont la surface teintée en hachure est la section droite du cylindre V.

509. La perpendiculaire abaissée sur la droite A′Z′ par la projection commune des points 7 et 8 de la figure 3 , déterminera le point *m* que l'on ramènera en *m*′ par un arc de cercle décrit du point K′ comme centre; et la per-pendiculaire élevée par ce point *m*′ sur la trace K′H′ du plan P (*fig.* 7), contiendra les projections correspondantes des points 7 et 8, que l'on obtiendra en faisant *m*′—7 et *m*′— 8, égales chacune à la perpendiculaire abaissée du point 7, 8 sur l'un des rayons O″ — 3 ou O″— 6 de la figure 3.

En opérant de la même manière, on déterminera sur

la figure 7 les projections des points 9, 10, 11, 12, 13
et 14.

510. On remarquera que sur la figure 7 les huit points
7, 9, 13, 11 et 8, 10, 14, 12 appartiennent à deux plans
parallèles au plan P et distants de ce plan d'une quantité
$m' - 7 = m' - 8$, égale au demi-côté du quarré inscrit
dans le cercle teinté de la figure 3.

511. On remarquera encore, sur la figure 7, que les
points $B' - 7 - O' - 10 - H'$ sont en ligne droite, ce qui
provient de ce qu'ils sont situés sur l'une des diagonales du
cube.

Pour la même raison, les points 11 et 8 appartiennent
à la diagonale $D'F'$.

Les points 10 et 13 sont situés sur la diagonale $C'E'$,
et les points 9 et 14 sur la diagonale $A'G'$.

Toutes ces lignes n'ont pas été conservées, mais en les
traçant au crayon, ou simplement en appliquant la règle,
on pourra s'assurer que les opérations ont été bien faites.

512. Enfin, les points 1, 2, 3, 4, 5 et 6 sont situés chacun au centre de l'une des faces du cube, et pourraient
par conséquent être déterminés ou vérifiés en construisant les diagonales de cette face sur les figures 4 et 7.
Ainsi le point 3 de la figure 4 sera l'intersection des deux
diagonales du parallélogramme ABFE, et le point 2 sera
déterminé par les diagonales du parallélogramme HGFE,
de sorte que les huit points 7, 8, 9, 10, 11, 12, 13 et 14,
par chacun desquels passent trois ellipses, appartiennent
aux diagonales du cube, et les six points 1, 2, 3, 4, 5, 6,
par lesquels ne passent que deux ellipses, sont situés sur
les diagonales des faces.

Toutes ces lignes, qui n'ont pas été conservées, sont

tangentes aux ellipses correspondantes, et peuvent contribuer par conséquent à l'exactitude de leur construction.

513. Ainsi, indépendamment de tous les points que l'on pourra obtenir par la méthode des diamètres conjugués, on aura pour chaque ellipse six points de vérification et huit tangentes, savoir : les quatre côtés du parallélogramme conjugué formé par les arêtes opposées du cube, et par les droites qui joignent deux à deux les extrémités de ces arêtes; puis les quatre génératrices qui limitent les projections des deux cylindres dont l'ellipse cherchée est l'intersection.

514. Pour compléter autant que possible l'étude de la question qui nous occupe, je rappellerai par quel moyen on peut trouver les axes de chaque ellipse lorsque la construction par les diamètres conjugués donne lieu à des intersections trop aiguës.

On sait qu'entre les axes et les diamètres conjugués d'une ellipse, on a toujours les relations suivantes :

$$(1) \qquad a^2 + b^2 = a'^2 + b'^2$$
$$(2) \qquad ab = a'b' \sin(\alpha' - \alpha) ;$$

la seconde équation multipliée par 2 deviendra :

$$(3) \qquad 2ab = 2a'b' \sin(\alpha' - \alpha) ;$$

ajoutant les équations (1) et (3), on obtient :

$$(4) \qquad a^2 + b^2 + 2ab = a'^2 + b'^2 + 2a'b' \sin(\alpha' - \alpha) ;$$

retranchant l'équation (3) de (1), on a :

$$(5) \qquad a^2 + b^2 - 2ab = a'^2 + b'^2 - 2a'b' \sin(\alpha' - \alpha) ;$$

en faisant pour simplifier :

$$(6) \qquad a'^2 + b'^2 + 2a'b' \sin(\alpha' - \alpha) = m^2 ,$$
$$(7) \qquad a'^2 + b'^2 - 2a'b' \sin(\alpha' - \alpha) = n^2 ,$$

les équations (4) et (5) deviendront :

$$a^2 + b^2 + 2ab = m^2 ,$$
$$a^2 + b^2 - 2ab = n^2 ;$$

extrayant la racine, on obtient :

$$a + b = m ,$$
$$a - b = n ;$$

d'où

$$a = \frac{m+n}{2} = \frac{m}{2} + \frac{n}{2} ,$$

$$b = \frac{m-n}{2} = \frac{m}{2} - \frac{n}{2} .$$

Il ne reste donc plus qu'à obtenir les valeurs de m et de n.

Or, si l'on exprime par u le complément de l'angle $(\alpha' - \alpha)$ que font entre eux les deux diamètres conjugués, on aura $\sin(\alpha' - \alpha) = \cos u$, et les équations (6) et (7) deviendront :

$$(8) \qquad m^2 = a'^2 + b'^2 + 2a'b' \cos u ,$$
$$(9) \qquad n^2 = a'^2 + b'^2 - 2a'b' \cos u ;$$

mais (*Trigonométrie*) l'équation (9) exprime évidemment les relations qui existent entre les trois côtés n, a' et b' d'un triangle, dans lequel le côté n serait opposé à l'angle u, complément de $\alpha' - \alpha$, et l'équation (8) exprime les relations entre les trois côtés d'un second triangle, dans lequel l'angle compris entre a' et b' serait égal au supplément de u.

De là résulte la construction suivante :

515. Soient (*fig.* 5) les deux rayons conjugués $OA' = a'$, $OB' = b'$. Il s'agit de trouver le demi grand axe $OA = a$ et le demi petit axe $OB = b$.

1° On ramènera OA' en OA'' par un quart de cercle

A'A'' décrit du point O comme centre ; l'angle A''OB' sera égal à **u**, complément de B'OA' = $\alpha' - \alpha$.

2° ▬▬ On construira le parallélogramme A''OB'D, et l'on tracera ses deux diagonales OD, A''B'.

La plus grande OD sera la valeur de **m**, et la plus petite A''B' sera égale à **n**, ce qui donnera $OC = \dfrac{m}{2}$ et $A''C = \dfrac{n}{2}$.

3° ▬▬ Du point C, comme centre, on décrira la demi-circonférence HA''K , et l'on aura par conséquent :

$$OH = OC + CH = OC + CA'' = \frac{m}{2} + \frac{n}{2} = a,$$

$$OK = OC - CK = OC - CA'' = \frac{m}{2} - \frac{n}{2} = b.$$

516. Les constructions précédentes donnent les valeurs des axes principaux **2a** et **2b;** mais pour construire l'ellipse, il faut encore connaître les directions de ces axes.

Pour y parvenir, on décrira du point O la circonférence qui a pour rayon OH = a, cette circonférence coupera les côtés du parallélogramme conjugué en deux points M et N, par lesquels on tracera MF perpendiculaire sur IL, et NF perpendiculaire sur LG; le point d'intersection F de ces deux lignes sera l'un des foyers de l'ellipse demandée.

Cela résulte de ce théorème connu que la circonférence du cercle de rayon OA doit contenir les pieds des perpendiculaires abaissées du foyer F sur toutes les tangentes à l'ellipse, et par conséquent sur les deux droites IL et LG.

Le foyer F et le centre O déterminent la direction du grand axe AA, et par suite celle du petit axe dont on connaît la grandeur BB, égale à 2.OK.

Pour plus d'exactitude, on fera bien de déterminer le foyer F' en opérant comme pour le foyer F.

517. Si l'on prolonge les côtés du parallélogramme conjugué ILGP jusqu'à ce qu'ils rencontrent la circonférence de rayon OH, on aura les huit sommets de deux rectangles MM'M"M''', NN'N"N''', dont les côtés se couperont aux foyers F et F' de l'ellipse demandée.

518. Enfin, si ces droites se coupaient suivant des angles trop aigus, on tracerait la droite XY, et la perpendiculaire PZ abaissée du point P sur cette droite devrait contenir le foyer F'.
[*] Cela provient de ce que les perpendiculaires abaissées par les trois sommets sur les côtés du triangle PXY doivent passer par un même point (*Géométrie*).

519. La figure 6, dégagée des lignes de vérification précédentes, ne contient que ce qui est absolument nécessaire pour déterminer les axes. Ainsi, on tracera :

1° ▬▬▬ Le quart de circonférence A'A" et le rayon OA", ce qui donnera l'angle A"OB' $= u$, complément de $(\alpha' - \alpha)$.

2° ▬▬▬ On tracera la droite A"B', dont on déterminera le milieu C.

3° ▬▬▬ On décrira du point C la demi-circonférence HA"K, et l'on aura OH $= a$ et OK $= b$; puis on agira pour le reste comme nous l'avons dit plus haut.

Coupe des pierres.

520. **Avis.** Dans quelques exemplaires de ce deuxième

volume, la planche 41 contenait les détails d'un pont biais. construit suivant l'appareil dit *hélicoïdal*. Cette épure, remplacée par la planche qui précède, doit être retirée de l'atlas, et sera plus tard rendue aux souscripteurs avec un certain nombre de planches, dont l'ensemble formera une théorie complète et continue des ponts biais.

J'avais hésité jusqu'à présent à donner un plus grand développement à cette étude ; d'abord, parce que les praticiens ne sont pas encore fixés sur les meilleurs moyens d'exécution, ensuite parce que j'ai toujours considéré ces sortes de voûtes comme de très-mauvaises constructions.

En effet, si l'on avait proposé pour sujet de concours de rechercher quel est le problème qui réunit tout ce que l'on peut imaginer de plus contraire aux véritables principes de la coupe des pierres et de la stabilité, je crois qu'il serait impossible de trouver un exemple qui remplisse aussi complétement toutes les conditions du programme.

Mais par cela même que la question réunit le plus grand nombre de défauts pratiques, elle devient un excellent sujet d'exercices pour les jeunes gens qui veulent acquérir l'habitude de vaincre les difficultés.

D'ailleurs, tant que les ingénieurs croiront devoir employer ces sortes de voûtes, il faut que les constructeurs sachent les exécuter.

Quant à moi, je n'hésiterais pas à les proscrire complétement, et toutes les fois que des circonstances exigeront impérieusement une construction en pierre, je pense qu'il sera toujours préférable d'adopter les ponts composés d'arcs droits échelonnés et disposés en redans, comme celui que M. l'ingénieur Boucher, a exécuté à Chartres, et dont il a donné la description dans les *Annales des ponts et chaussées* (mars et avril 1848) : ce genre de ponts n'ayant d'autre inconvénient

EXERCICES

ET

QUESTIONS DIVERSES.

────◆────

Géométrie descriptive.

487. Exécution des épures. Les avis sont partagés sur la manière dont il faut exécuter les épures de géométrie descriptive. Quelques personnes veulent que l'on conserve toutes les lignes d'opérations, tandis que d'autres voudraient les supprimer en grande partie, et ne laisser sur l'épure que les résultats.

Les deux opinions peuvent être défendues suivant les circonstances, et la divergence qui paraît exister entre elles provient uniquement d'un malentendu.

488. Il faut admettre d'abord qu'il y a trois sortes d'épure, savoir :

1° ▬▬ *Les épures de principes;*
2° ▬▬ *Les épures d'étude;*
3° ▬▬ *Les épures d'application.*

489. Les épures de principes ne doivent contenir qu'un très-petit nombre de lignes; ainsi, par exemple, s'il s'agit de la construction d'une courbe on ne conservera que les opérations nécessaires pour expliquer la méthode générale par laquelle on peut obtenir un point quelconque de cette courbe, ou les abréviations résultant de la position exceptionnelle de quelques uns des points cherchés.

490. Les épures d'application doivent être encore plus simples que les épures de principes, car elles ne doivent contenir que les données et les résultats, sans qu'il soit nécessaire d'y conserver aucune ligne d'opération.

491. Il n'est même pas toujours indispensable de tracer sur l'épure toutes les lignes qui forment le contour ou les arêtes de l'objet que l'on se propose d'exécuter. Ainsi, dans la coupe des pierres, si un arc d'ellipse provient de la rencontre d'une voûte cylindrique avec la face plane d'un mur, il ne sera pas nécessaire que cette courbe soit projetée, car lorsque la surface cylindrique et le plan dont il s'agit seront taillés, l'arc d'ellipse provenant de la rencontre de ces deux surfaces résultera évidemment du travail de l'ouvrier, quand même on aurait négligé de tracer cette ligne sur l'épure.

492. Si les épures de principes et les épures d'application doivent contenir très-peu de lignes, il n'en doit pas être de même des épures d'étude. En effet, indépendamment des données et des résultats, elles doivent conserver toutes les lignes nécessaires pour rappeler les principes, souvent nombreux, par lesquels on a déterminé les diverses parties des lignes obtenues.

Il est bien entendu qu'il ne s'agit pas ici de la répétition fastidieuse d'une même opération exécutée autant de fois qu'il y a de points à obtenir ; mais, dans la construction d'une grande courbe, il arrivera souvent que sur vingt points, chacun aura un caractère individuel qui permettra de déterminer sa position par une méthode particulière, plus simple que la méthode générale, et toutes ces abréviations doivent être indiquées sur une *épure d'étude*.

Si, par exemple, il s'agit d'une épure de concours ; comment, en l'absence des lignes d'opérations, pourra-t-on distinguer parmi les concurrents, celui qui aura machinalement répété vingt fois le principe général, ou simplement copié le résultat sur l'épure d'un camarade, de l'élève intelligent qui aura su choisir pour chaque point, la méthode la plus simple et la plus élégante.

Indépendamment des lignes nécessaires pour rattacher les données aux résultats obtenus, et pour indiquer les méthodes diverses qui ont été appliquées dans chaque cas, il faut encore qu'une épure d'étude contienne quelques-unes des vérifications les plus importantes.

Ainsi, un point obtenu doit être vérifié de toutes les manières possibles, et si une seule vérification est suffisante dans la pratique, il n'en est pas de même lorsqu'on étudie. En effet, chaque méthode employée pour vérifier la position d'un point, est évidemment une manière différente de l'obtenir ; et par ce travail, on se rend habile à voir de suite, au moment de l'application, quel est le moyen le plus simple de déterminer la position du point cherché. On peut se contenter de conserver sur l'épure les vérifications les plus importantes, mais on ne saurait en faire un trop grand nombre au crayon.

Il ne faut pas croire, au surplus, que toutes ces lignes produisent autant de confusion que le pensent ordinairement les personnes qui croient pouvoir étudier la géométrie descriptive sans faire d'épures, ce qui est absolument comme si elles voulaient app endre l'algèbre sans résoudre une seule équation.

Mais lorsqu'au lieu de se contenter de notions abstraites, et par conséquent un peu confuses, on aborde franchement l'exécution du travail graphique, on parvient très-promptement à regarder sans aucune fatigue toutes les lignes tracées sur l'épure la plus chargée, et quel que soit le nombre de ces lignes, *on ne voit alors* que le petit nombre de celles qui se rattachent à la partie de la question que l'on considère momentanément.

Enfin, pour celui qui sait la géométrie descriptive, une épure dont toutes les parties sont liées entre elles, est beaucoup plus facile à comprendre que celle dont on aurait supprimé les lignes d'opérations.

493. Ce n'est pas d'ailleurs le grand nombre de lignes qui rend une épure confuse, mais la disposition souvent maladroite des rabattements ou des plans auxiliaires de projection.

Si l'on rabat une projection auxiliaire sur une partie de l'épure où il existe déjà une projection, ou un rabattement précédent, on rendra certainement l'épure très-confuse.

Cela cependant se fait souvent dans la pratique; ainsi, dans les grandes épures de charpente ou de coupes de pierres qui doivent être tracées à l'échelle d'exécution, on n'a pas toujours l'espace suffisant pour isoler toutes les figures développées ou rabattues, mais, dans ce cas, il n'y a pas le même inconvénient que dans les épures d'étude :

1° ▬ Parce que celui qui exécute le travail, *n'étudie pas la question*, qu'il connaît parfaitement par les études préliminaires qu'il a dû faire chez lui, à une petite échelle, avant de les répéter en grand sur le chantier.

2° ▬ Parce que dans les *épures d'application* on ne con-

serve que ce qui est absolument indispensable pour
tracer sur les matériaux les lignes qui doivent diriger
le travail des ouvriers.

3° ▬▬▬ Parce qu'enfin on peut tracer avec des couleurs
différentes les parties de l'épure qui ne doivent pas être
confondues, quoique superposées. Mais, lorsqu'on étudie, et surtout lorsqu'on exécute le dessin à une petite
échelle, il faut éviter avec soin cette superposition,
qui ne permettrait pas de conserver les lignes nécessaires pour rattacher les résultats aux données, et rappeler les principes que l'on a dû appliquer pour exécuter les diverses parties de l'épure.

494. L'absence des *lignes théoriques* sur les épures d'application est certainement, à mon avis, une des causes qui retarde
le moment où les ouvriers comprendront la géométrie descriptive. En effet, dans les *écoles de trait*, où l'on exécute beaucoup
de *modèles*, les tailleurs de pierre ou les charpentiers ne font
que des *épures d'application*, c'est-à-dire des épures privées de
presque toutes les lignes qui seraient nécessaires pour rattacher
les résultats aux données, et rappeler par conséquent le principe employé. Il s'ensuit que l'ouvrier qui étudie, commence
par copier machinalement son épure sur celle du maître, et
qu'il ne comprend la question dont il s'occupe que lorsqu'il voit
son modèle complétement taillé. C'est alors seulement qu'il
reconnaît sur son épure les lignes que son professeur lui a fait
tracer sur la pierre ou sur le bois, pour déterminer toutes les
coupes du modèle qu'il vient d'exécuter.

Mais il résulte de là une perte de temps considérable, d'a-
bord, parce que l'élève ne comprend souvent le modèle que
lorsqu'il est taillé complétement. ce qui est fort long; ensuite,
parce que l'absence des lignes théoriques sur ses épures ne lui
permet pas de rattacher ses idées à un petit nombre de principes généraux dont l'étude n'exigerait pas la dixième partie

du temps consacré à la taille du grand nombre de modèles, qu'il est obligé d'exécuter entièrement pour devenir habile dans sa profession.

495. Je ne veux pas dire par ce qui précède, que cette taille de modèles soit un travail inutile : c'est au contraire une des études que je recommanderai le plus à celui qui veut savoir parfaitement la coupe des pierres ou les assemblages de la charpente. Mais, lorsque l'on possède bien la théorie de la géométrie descriptive, la taille d'une ou deux pierres d'une voûte suffit souvent, lorsque l'épure est complète, pour que la question soit comprise dans tous ses détails.

496. Quant au temps nécessaire pour l'exécution du travail graphique, il n'est pas aussi considérable que l'on pourrait le croire au premier abord.

Certainement c'est un travail fort long de dessiner en imitant la gravure une grande épure de géométrie descriptive, cela tient à l'obligation de distinguer les diverses sortes de lignes par des points de différentes sortes. Mais, cette perte énorme de temps aurait été épargnée depuis longtemps, si, pendant *plus de quarante années*, on ne s'était pas obstiné, à l'École poly-technique, à tracer à *l'encre noire* toutes les lignes d'opé-rations que l'on a toujours distingué par des *encres de cou-leur* dans toutes les écoles pratiques d'architecture et de construction.

Or une épure sur laquelle toutes les lignes d'opérations sont tracées en encre de couleur, n'exige pas beaucoup plus de temps que si elle était entièrement dessinée au crayon, et celui qui comprend bien la question à résoudre, n'emploiera certainement pas plus de deux ou trois heures pour tracer l'épure la plus composée.

497. On peut d'ailleurs dégager l'épure, en supprimant

une partie des lignes d'opération, dont on ne conserve que les‌*attaches* ou *amorces*, ce qui suffit pour indiquer les points dont la recherche peut offrir quelque intérêt.

498. Puisque je viens de parler des encres de couleur, je crois devoir indiquer quel système de ponctuation j'ai cru en général utile d'adopter pour les planches gravées de mes atlas.

Toute ligne pleine exprime une ligne *donnée*, ou une ligne *obtenue*. Les parties cachées et réelles de ces lignes sont tracées en trait ponctué, formé alternativement d'un point long et de deux points ronds.

Quelques auteurs ont adopté les points ronds pour les lignes réelles cachées, mais dans les épures un peu composées, ces sortes de lignes ne se voient pas assez.

499. Ensuite, j'ai cru devoir réserver les points ronds pour les *lignes théoriques* et pour les *lignes supprimées* dont il est souvent nécessaire de rappeler les positions dans l'espace.

Ainsi, par exemple, pour exprimer que l'intersection de deux surfaces est un arc d'ellipse, je tracerai la courbe toute entière ; mais j'indiquerai en ligne pleine et en noir, la partie vue de l'arc d'ellipse qui forme *arête* ou *ligne de pénétration* des deux surfaces combinées; en points *noirs* mêlés, comme je l'ai dit plus haut, la *partie réelle et cachée* de cet arc d'ellipse; et le reste de la courbe sera tracé en points ronds, pour exprimer que cette partie de ligne *n'existe pas réellement*, mais qu'elle résulterait de la rencontre des deux surfaces, si elles étaient infinies, ou prolongées au delà des limites qui leur sont données dans la question.

Je classerai encore parmi les lignes théoriques, *les génératrices des surfaces cylindriques coniques ou réglées, les génératrices des surfaces normales, les parallèles ou les méridiens des surfaces de révolution, les prolongements des arêtes d'un polyèdre*, *les parties de ces arêtes qui ont disparu* par suite de la pénétration du premier polyèdre par un second; *les parties des données qui auraient été supprimées* par des plans, ou retranchées par suite de leur section par d'autres surfaces données, etc., etc.

500. Toutes les lignes d'opérations secondaires, telles que les verticales et horizontales projetantes, les arcs de cercles décrits par les points rabattus, etc., sont tracées en petits points allongés. Enfin, les *ponctués mixtes* formés de points longs et ronds mélangés expriment, suivant l'usage, les lignes qui ont un caractère individuel, comme par exemple les traces de certains plans auxiliaires, les axes de quelques surfaces de révolution, enfin, les lignes que l'on veut rendre plus apparentes sur l'épure et que l'on retrouverait difficilement si elles étaient tracées en petits points.

Épures manuscrites. — Dans ces épures, j'engagerai à tracer à l'encre bleue tout ce qui, sur mes planches gravées, est indiqué en points ronds; à l'encre rose, toutes les lignes exprimées sur la gravure par des petits points allongés, et tout le reste à l'encre noire.

Coupe des pierres.

501. **Ponts biais,** *Appareil hélicoïdal.* — La planche 41 représente l'appareil adopté dans la construction des chemins de fer anglais.

Ce genre d'appareil est surtout avantageux lorsqu'on veut employer des briques ou des moellons dont l'épaisseur uniforme ne pourrait pas se prêter à l'inégalité d'écartement des trajectoires orthogonales dont j'ai parlé dans le dernier chapitre du *Traité de coupe des pierres.*

502. Le point dont il est ici question est appareillé par assises hélicoïdales, ainsi nommées parce que les arêtes d'intrados sont des hélices.

Les figures 3 et 6 sont les projections verticales et horizontales de la voûte à construire; l'arc de tête appartient à une circonférence de cercle dont le centre serait situé en O.

La section droite du cylindre d'intrados est par conséquent une ellipse *nvu* rabattue sur le plan horizontal (*fig.* 6), en tournant autour de la corde *nu* située à la hauteur des naissances de la voûte.

Épure. On partagera l'arc de section droite en parties égales, et par chaque point de division on tracera une génératrice du cylindre. Ces génératrices, qui n'ont pas été conservées sur l'épure, étant reportées figure 7, on construira le développement du cylindre (*Géométrie descriptive*), et l'on divisera les deux cordes parallèles $m'n'$ et $c'a'$ en autant de parties égales que l'on voudra obtenir de voussoirs sur les têtes représentées dans le développement par les deux courbes $m'b'n'$ et $c'q'a'$.

Par le point c' ou par tout autre point de la corde $c'a'$, on tracera une perpendiculaire à cette ligne, et si cette perpendiculaire ne contient pas un des points de division de la corde $m'n'$, on l'inclinera un peu, de manière à la faire passer par celui de ces points dont elle se rapprochera le plus.

Par chacun des autres points de la corde $c'a'$, on tracera une droite parallèle à la première, et ces droites, qui ne sont autre chose que les développements des hélices formant les arêtes d'intrados de la voûte, passeront alors par les points de division de la corde $m'n'$, et détermineront les largeurs des voussoirs sur les arcs des têtes.

503. Ces largeurs ne seront pas tout à fait égales entre elles; car il est évident, par exemple, que l'arc 1—2 (*fig.* 6 et 8) ne

peut pas être égal à l'arc 3—4, puisque les cordes de ces deux arcs ne sont pas également inclinées par rapport aux deux droites parallèles entre lesquelles elles sont comprises.

504. Si l'on veut avoir des voussoirs égaux sur les têtes, il faudra partager les deux courbes $m'b'n'$, $c'q'a'$ en un même nombre de parties égales ; mais alors les hélices comprises entre celles qui aboutissent aux points n' et c' ne seront pas parallèles, et l'on ne pourra plus, pour cette partie de la voûte, employer des briques ou des moellons dont l'épaisseur serait la même dans toute l'étendue d'une assise.

Ces irrégularités sont rendues plus sensibles sur les figures 8 et 9.

Sur la figure 8, les cordes sont partagées en parties égales, et les hélices sont figurées dans le développement par des droites parallèles, mais les voussoirs sont inégaux sur les arcs de tête ; tandis que sur la figure 9, on a voulu obtenir des voussoirs égaux sur les têtes, et dans ce cas, les hélices d'intrados ne sont plus parallèles.

Au surplus, quel que soit le parti que l'on prendra, cette irrégularité devient insensible lorsqu'il s'agit d'une grande voûte.

505. Les droites qui, sur la figure 7, représentent les hélices développées, coupent les génératrices du cylindre, suivant des points qui n'ont pas été conservés sur l'épure.

Ces points ramenés (*fig.* 6) sur les projections horizontales des génératrices du cylindre, ont déterminé les projections horizontales des hélices.

Enfin, les mêmes points projetés (*fig.* 3) ont déterminé les projections verticales des arêtes d'intrados des joints continus.

On n'a pas tracé sur cette projection les joints discontinus parallèles aux têtes du berceau ; la place de ces joints dépend des dimensions des matériaux que l'on peut employer.

506. Il n'est pas nécessaire, pour construire un pont biais, de déterminer sur l'épure les projections des surfaces normales qui seront naturellement formées par les faces de têtes et de joints des briques ou moellons rectangulaires qui seront employés dans la construction de la voûte.

Il suffira de tracer sur le cintre les hélices destinées à régler la direction des lits, puis de gauchir un peu, pour chaque moellon, la face qui doit coïncider avec l'intrados de la voûte. Cette opération n'exige pas d'épure, et se fait sur place, en posant d'abord la pierre, afin de voir ce qu'on doit lui enlever pour que les quatre angles du voussoir coïncident avec la douelle, et dans les grands berceaux, lorsque les pierres ne sont pas très-grandes, on peut négliger entièrement cette opération.

507. C'est donc uniquement pour étudier les surfaces normales et pour mieux faire comprendre les effets qui peuvent résulter de leur inclinaison que j'ai construit les figures 2, 5, 10 et 11.

508. **Arêtes d'intrados.** — Le cylindre d'intrados de l'une des deux voûtes projetées sur les figures 3 et 6 ayant été transporté figures 2 et 5, on a construit la section droite (*fig.* 10), et la figure 11 qui représente une partie du développement de la douelle.

La droite 3—7 perpendiculaire sur la corde $a''c''$ est la transformée de l'hélice qui contient le point 3 de l'arc de tête.

Les points suivant lesquels cette hélice (*fig.* 11) coupe les génératrices du cylindre développé étant ramenés successivement (*fig.* 5 et 2) sur les projections des mêmes génératrices, on obtiendra les projections horizontale et verticale de l'hélice demandée.

509. Toutes les hélices étant identiques, les courbes ob-

tenues pour les projections de l'une d'elles pourront servir à tracer toutes les autres.

Il suffira de faire mouvoir toutes ces courbes parallèlement à elles-mêmes et suivant la direction du cylindre.

510. surfaces normales. — On construira une normale à la voûte par chacun des points de l'hélice obtenue.

Ainsi, par exemple, l'arc de cercle *mv*, *m'v'*, provenant de la section du berceau par le plan P qui est parallèle aux têtes, la tangente *tx* sera parallèle au plan verticale de projection, et par conséquent, à la trace verticale du plan tangent au point 5; d'où il résulte que le rayon *u'*—5 du cercle *m'v'*, se confondra avec la projection verticale *u'n'* de la normale du point 5.

La projection horizontale *un* de cette même normale sera perpendiculaire à la trace horizontale du plan tangent, et par conséquent à la direction du cylindre.

Enfin, le point *uu'* étant projeté en *u''* sur la figure 10, la droite *u''n''* sera la projection de la normale sur le plan de la section droite du cylindre. En recommençant, on déterminera toutes les normales.

La projection de chacune de ces lignes sur la figure 2 doit passer par le centre de la section circulaire qui contient le point correspondant de l'hélice, et les projections de toutes les normales sur la figure 10 doivent être tangentes à la courbe *zr* qui est la développée de l'ellipse de section droite rabattue figure 10.

La construction de cette courbe facilite la vérification des normales.

Pour que l'on puisse mieux comprendre la forme de la surface normale, elle a été prolongée (*fig.* 1 et 5) au delà de la partie du cylindre qui est projetée (*fig.* 2). et dont le développement est indiqué par une teinte sur la figure 11.

511. Arêtes d'extrados. — Les normales étant projetées

sur le plan de la figure 10, il sera facile de déterminer le point suivant lequel chacune de ces lignes perce le cylindre d'extrados dont la section droite a pour trace la courbe $k''e''h''$.

Cette opération déterminera les deux projections de la courbe $keh.k'e'h'$, suivant laquelle l'extrados du berceau est rencontré par la surface normale.

512. Les mêmes opérations donneront les normales génératrices des surfaces de joint, qui ont pour arêtes d'intrados les sections du cylindre par des plans parallèles aux têtes.

On n'a conservé sur l'épure que la surface normale qui aurait pour courbe directrice le quart de cercle $qy,q'y'$.

513. On remarquera que toutes les surfaces normales ont la même projection sur la figure 10, de sorte que les projections de ces mêmes surfaces sur les figures 5 et 2 peuvent se construire en même temps. Ainsi la normale 5 de la courbe qy se déduira de la normale 5 de l'hélice 3—7.

La normale au point 3 de l'hélice 3—7 et la normale au point 3 de la courbe qy, seront déterminées par une même opération.

514. **Poussée au vide.** — Si l'on compare la surface normale projetée sur les figures 1 et 2 avec celle qui a pour directrice la trajectoire orthogonale, que nous avons déterminée sur la figure 5 de la planche 66 du traité de la *Coupe des pierres*, on voit que cette dernière est bien plus favorable à la stabilité de la voûte, parce qu'elle diffère très-peu du cylindre projetant, qui est la seule surface de joint qui puisse complétement faire disparaître la poussée au vide.

515. On remarquera encore (*fig.* 3) que la surface nor-

male que nous étudions dans ce moment, se rapproche beaucoup du cylindre projetant de l'hélice 3—5—h', dans la partie
de la voûte qui est à la hauteur du point 4.

D'où il résulte que la poussée au vide est moins grande
dans cette partie de la voûte, qu'à l'endroit où la surface normale vient couper le plan horizontal qui contient l'axe du
cylindre.

C'est pourquoi les praticiens préfèrent employer des voûtes
surbaissées, ayant pour courbes directrices des arcs de cercle
(*fig.* 3), au lieu de berceaux dont l'intrados serait formé par
des demi-cylindres (*fig.* 2).

516. voussoirs des têtes. — Dans tout ce qui précède,
nous n'avons parlé que de l'appareil hélicoïdal de la voûte et
nous n'avons rien dit des voussoirs en pierres de taille, qui
forment les têtes des berceaux. Or la taille de ces pierres sera
un peu moins simple que celle qui appartient à l'appareil
orthogonal, parce que dans cette espèce de voûtes, les joints
des voussoirs pouvaient être formés par des plans perpendiculaires aux arcs des têtes, et formant en quelque sorte les
prolongements des cylindres projetant des trajectoires; mais
dans l'appareil hélicoïdal, ce n'est plus tout à fait ainsi.

En effet, les hélices qui forment les arêtes d'intrados ne
rencontrent plus les arcs de têtes suivant des angles droits,
et si les surfaces normales étaient prolongées jusqu'au plan de
têtes, la ligne de joint qui résulterait de la rencontre de ces
deux surfaces serait nécessairement courbe.

Malgré cela, et par suite du peu de courbure de ces lignes
dans les grands ponts, on peut les remplacer par des droites
perpendiculaires à l'arc de tête et considérant également
comme droite la petite portion d'hélice comprise entre la tête
de la pierre et le plan vertical qui la termine du côté de la
voûte, chaque plan de joint d'un voussoir de tête sera complétement déterminé.

Ainsi, pour la pierre qui est projetée par A et A' sur les figures 12 et 13, l'un des plans de joint contiendra la droite 1—2, normale à l'arc de tête (*fig.* 12) et la corde 1—3 (*fig.* 13), et le second joint sera déterminé par la normale 5—6 (*fig.* 2) et par la corde 5—7 (*fig.* 13).

517. **Taille des voussoirs des têtes.** — La taille de cette pierre ne présente aucune difficulté. En effet, après avoir dressé les deux plans verticaux 1—6 et 3—8 (*fig.* 13), on tracera le panneau 1—2—5—6 dans le plan 1—6 et le panneau 3—4—7—8 dans le plan 3—8.

Les panneaux de joint rabattus en B et C compléteront le tracé de toutes les coupes.

La douelle se taillera comme on le voit sur la figure 16 en faisant glisser une règle dont la position horizontale sera déterminée par les points de repère, marqués sur les côtés du quadrilatère gauche, 1—5—7—3.

On pourra déterminer ces points en traçant quelques génératrices du cylindre, sur les projections (*fig.* 12 et 13); mais on peut presque toujours éviter cette opération dans les constructions des grandes voûtes, où le gauche, très-peu sensible, est suffisamment déterminé par le contour de la douelle.

518. On pourra éviter la poussée au vide pour les voussoirs des têtes, en prenant pour joints (*fig.* 17) les surfaces projetantes de la droite 1—2, et de l'arc d'hélice 1—3; ou bien (*fig.* 18), les plans projetants des deux droites 1—2 et 1—3, lorsque la courbure de l'arc d'hélice sera insensible.

519. **conclusion.** — En résumant je dis : 1° que le système de joints formés par des plans parallèles aux têtes et par les cylindres projetants des trajectoires orthogonales, est *le seul qui détruise complètement la poussée au vide;*

2° Que l'on ne pourra diminuer cette poussée qu'en se rapprochant le plus possible du système précédent ;

3° Que l'appareil imaginé par M. Lefort, est celui qui s'en rapproche le plus, en théorie, et qui, par cette raison, paraît le mieux atteindre le but ; mais que la variation d'épaisseur des moellons d'une même assise augmente considérablement la dépense et les difficultés d'une bonne exécution, d'où résulte par conséquent moins de solidité dans la voûte ;

4° Enfin, que l'appareil hélicoïdal, quoique moins convenable sous le rapport de la théorie, en ce que la poussée au vide est plus grande que par l'appareil orthogonal, convient cependant mieux dans la pratique ; d'abord, parce qu'il coûte moins cher, mais surtout parce que la facilité de la taille et de la pose permet de mieux lier et enchevêtrer toutes les parties de la voûte, qui alors peut être considérée comme ne formant qu'une seule pièce.

520. Au surplus, ces divers appareils ont tous l'inconvénient d'introduire un grand nombre d'angles aigus, et cette difficulté ne peut être évitée que par la construction d'une suite d'arcs droits en retraite, comme les fermes d'un pont biais en charpente ou en fonte.

Cette méthode a été appliquée avec succès dans l'exécution d'un pont biais, construit à Chartres par M. l'ingénieur Boucher.

Ce pont est composé de six arcs droits en retraite, disposés comme on le voit sur la figure 4, qui est la section horizontale de l'une des piles à la hauteur des naissances.

On trouvera de plus grands détails à ce sujet dans les *Annales des ponts et chaussées* (mars et avril 1848). Cette solution est évidemment la seule qui satisfasse à toutes les conditions du problème, puisqu'elle évite entièrement *la poussée au vide et les angles aigus*. On ne peut lui reprocher que la dépense assez forte qui en résulterait pour un grand pont, par suite du prix élevé de la pierre et de l'étendue des surfaces à tailler pour former les parements et les faces cylindriques des arcs.

Mais la dépense se réduirait beaucoup en faisant usage de petits matériaux, comme cela paraît avoir parfaitement réussi dans la construction d'un pont biais à 52 degrés, que la ville d'Amiens a fait démolir en 1845, et qui était construit depuis plusieurs siècles au moyen d'*arcs parallèles, accolés, formant ainsi redans les uns sur les autres*. Cet ouvrage, exécuté en grès piqué de petit appareil, était dans un état parfait de conservation.

Cet exemple, cité par M. Boucher à la page 243 de son mémoire, n'était entièrement inconnu lorsque j'ai indiqué le même principe (*Pl.* 58, *fig.* 26) dans la deuxième édition de la *Coupe des pierres*.

---

521. Joints de lit de la voûte elliptique (*Pl.* 42). — On sait que l'un des principes de construction auxquels il est le plus essentiel de satisfaire consiste à éviter les angles aigus ; c'est pourquoi les surfaces qui séparent entre elles deux assises de pierres, ou deux pierres d'une même assise, doivent toujours être, autant que possible, perpendiculaires aux surfaces d'intrados ou de parement. — Mais les personnes familiarisées avec les difficultés de la pratique savent très-bien qu'il n'est pas toujours possible de satisfaire à cette condition d'une manière absolue.

522. Une surface N, normale à l'intrados EE d'une voûte (*fig.* 1), pourra souvent être remplacée avec avantage par une surface N′ tangente à la première suivant l'arête de douelle U, et qui par conséquent rencontrerait partout à angle droit la surface de la voûte donnée. D'autres fois (*fig.* 3), deux sur-

faces **M** et **N** se rencontreront suivant des angles inégaux ; mais si la pression qui agit sur les pierres auxquelles ces deux surfaces appartiennent, est dirigée parallèlement à leur intersection **KH** , elles seront peu exposées à la rupture.

Il existera donc dans la pratique un grand nombre de circonstances où les surfaces normales indiquées par la théorie comme les plus convenables pour former les joints d'une voûte, pourront être remplacées avec avantage par d'autres surfaces plus simples, plus faciles par conséquent à tailler, et dont l'exécution plus parfaite contribuera autant à l'économie qu'à la solidité de la construction.

C'est pourquoi lorsqu'on étudie une voûte, il faut chercher quelles sont les surfaces qui peuvent être employées comme joints, discuter les avantages et les inconvénients de chacune d'elles, et choisir pour l'application celle qui convient le mieux au cas particulier dont il s'agit.

Ainsi, dans mon *Traité de la coupe des pierres*, j'ai indiqué six espèces de surfaces qui peuvent être employées comme joints de la voûte elliptique, savoir :

1° ▬▬ (425) Lorsque la voûte n'est pas trop allongée, des cônes ayant pour sommet commun le centre même de l'ellipsoïde qui forme la surface d'intrados ou la douelle de la voûte proposée.

2° ▬▬ (425) Des cônes ayant chacun pour génératrice la perpendiculaire à la bissectrice de l'angle que l'on obtiendrait, si l'on ramenait dans le plan équatorial de la voûte, les tangentes aux sections par les deux plans verticaux qui contiennent le grand et le petit axe de l'arête d'intrados ; ces cônes auront leurs sommets sur la verticale qui contient le centre de la voûte.

Ces deux surfaces de joints ont l'avantage d'être développables, et de rencontrer, suivant une ellipse, la surface d'extrados, pourvu que cette surface soit formée par un plan horizontal ou par un ellipsoïde semblable à l'intrados de la voûte; mais les plans verticaux qui séparent les pierres adjacentes d'une même assise devant être autant que possible perpendiculaires à l'ellipse moyenne de la douelle correspondante, ne contiennent plus les sommets des surfaces coniques qui séparent deux assises consécutives, et les intersections de ces dernières surfaces par les joints verticaux de la voûte deviennent alors des arcs d'hyperbole, ce qui augmente la difficulté de la taille pour chaque pierre.

3° ▬▬ J'ai indiqué, au n° 438, une surface qui, sans être normale à la voûte, est cependant peu éloignée de satisfaire à cette condition.

Les projections de cette surface et de la courbe d'extrados sont très-faciles à déterminer, mais les intersections par les plans verticaux formant les joints montants seront encore des lignes courbes peu commodes pour la taille de la pierre.

4° ▬▬ On pourra éviter cet inconvénient en employant (439) la surface normale qui aurait pour courbe diréctrice l'ellipse formant l'arête d'intrados de la surface de joint que l'on veut déterminer; mais l'intersection de cette surface avec l'ellipsoïde d'extrados est une courbe à double courbure assez difficile à construire.

5° ▬▬ La surface indiquée au n° 440 à l'avantage de rencontrer l'extrados et les plans horizontaux formant les faces primitives du parallélipipède enveloppé, suivant des ellipses semblables à l'arête d'intrados, et quoique cette surface ne soit pas tout à fait normale, la simplicité de sa projection et de la taille des pierres qui en résultent la fait souvent préférer par les praticiens à toutes les surfaces précédentes.

6° ▬▬ Enfin, je ne rappellerai que pour mémoire, e comme exercice graphique, la surface développable indiquée au n° 441.

Il ne faut pas reculer devant ces sortes d'études, que l'on peut considérer comme étant fort utile : c'est souvent ainsi en comparant les inconvénients qui pourraient résulter de l'emploi de certaines surfaces que l'on est conduit à les remplacer par d'autres dont les propriétés auraient pu sans cela rester toujours inconnues.

523. Si l'on a bien compris là discussion précédente, on reconnaîtra que les conditions auxquelles il faut tacher de satisfaire, peuvent être énoncées ainsi :

1° ▬▬ La surface doit être *normale* ou en différer très-peu.

2° ▬▬ Elle doit être autant que possible *développable*, cette seconde condition facilitant la taille des voussoirs.

3° ▬▬ Enfin, les intersections de cette surface par les faces du parallélipipède enveloppe doivent être faciles à obtenir sur l'épure, et à tracer sur la pierre. Or la surface que nous allons étudier satisfait complétement aux conditions ci-dessus.

524. Intrados. La surface d'intrados (*fig.* 2 et 7) est formée par un ellipsoïde de révolution, dont le grand axe AA, A′A′ est parallèle aux deux plans de projection, et qui a pour section méridienne la demi-ellipse A′*a*′A′ (*fig.* 2).

L'ellipse horizontale EE, E′E′, est l'arête d'intrados par laquelle nous voulons faire passer une surface de joint.

1° ▬▬ Le point BB′ de l'ellipse EE′ (*fig.* 7) étant pris sur l'une des diagonales du rectangle circonscrit, on le rabattra en B″ sur le plan horizontal qui contient le centre de la voûte.

2° ▬▬ Par le point B″ on construira la normale N″, que l'on ramènera en NN′, en la faisant tourner autour de l'axe AA, A′A′ de l'ellipsoïde d'intrados.

3° ▬▬ Le point VV' suivant lequel la normale NN' rencontre l'axe AA' de l'ellipsoïde, sera le sommet d'un cône, dont la directrice BEG fait partie de l'ellipse horizontale E*e*E*e*.

Cette surface conique différera extrêmement peu de la surface normale qui aurait pour directrice le même arc d'ellipse BEG.

4° ▬▬ Un second cône ayant pour sommet le point UU', remplacera également la surface normale qui aurait pour directrice l'arc d'ellipse DEH.

5° ▬▬ Un troisième cône, dont le sommet OO' sera déterminé par la rencontre des normales GV, HU de la voûte, formera la surface de joint correspondante à l'arc d'ellipse G*e*H.

6° ▬▬ Enfin, cette surface sera complétée par un quatrième cône, dont le sommet SS' sera situé à la rencontre des deux normales BV et DU.

525. Ainsi la surface entière du joint correspondant à l'ellipse horizontale E*e*E*e*, sera formée par quatre surfaces coniques ayant pour sommets les points V,S,U,O.

Ces cônes, combinés deux à deux, ayant une directrice commune et leurs sommets sur la même droite, se raccordent suivant les quatre normales OK, OR, SX, SZ, et forment par conséquent une *surface développable continue*, *différant infiniment peu de la surface normale qui aurait pour directrice l'ellipse horizontale* EE'.

526. La section des quatre surfaces coniques par le plan horizontal P se composera de quatre ellipses semblables à l'ellipse EE', qui est la directrice commune des quatre cônes.

Ces ellipses se toucheront suivant les quatre points K,R,Z,X. Les courbes KR, RZ, ZX et XK se raccorderont aux points K,R,Z,X, et formeront ainsi une courbe *plane et continue*, d'une grande simplicité , et de plus très-facile à tracer. En effet ,

1° ━━━ La droite Uc,U'c', qui joint le sommet UU! de l'un des cônes avec le centre cc' de l'ellipse EE,E'E' percera le plan horizontal P en un point $u'u$, qui sera le centre de l'ellipse suivant laquelle ce cône est coupé par le plan P.

2° ━━━ Les points L,L déduits de leurs projections verticales L',L' seront les extrémités du grand axe de cette ellipse.

3° ━━━ La droite Ue, U'e' qui joint le point UU' avec l'une des extrémités du petit axe de l'ellipse EE , déterminera sur la perpendiculaire abaissée de u' l'extrémité l de l'ellipse LL à laquelle appartient l'arc RLZ.

On pourra s'assurer comme vérification que les points L et l sont situés sur une droite parallèle à la corde Ee de l'ellipse EE.

4° ━━━ En opérant comme nous venons de le dire, on déterminera le centre et les axes de l'ellipse TT, à laquelle appartient l'arc KTX.

5° ━━━ Les droites SE,S'E' prolongées jusqu'au plan horizontal P, détermineront les extrémités Q',Q du grand axe de l'ellipse QQ, à laquelle appartient l'arc ZqX, le point s milieu de QQ sera le centre de cette ellipse, et le point q, extrémité du petit axe sq sera déterminé par la droite Qq parallèle à la corde Ee de l'ellipse EE.

6° ━━━ Enfin , on déterminera de la même manière le centre o et les axes oF et ov de l'ellipse FF, à laquelle appartient l'arc RvK.

527. Taille des voussoirs. ━ Les opérations précédentes étant répétées pour chacun des joints de la voûte, il sera facile de tailler toutes les pierres des assises extradossées horizontalement.

En effet, supposons que l'on veut tailler la pierre désignée sur le plan par la lettre M, sur la projection verticale par M', et en perspective par la figure 5, on taillera d'abord la pierre sur le panneau de projection horizontal BY3-1, puis, avec une règle flexible, on tracera la courbe B-1, dans la surface du cylindre intérieur. On tracera ensuite la courbe X-2 sur la face supérieure de la pierre en relevant le panneau M sur la projection horizontale, les points de repère des courbes B-1 et X-2 (fig. 5) détermineront les génératrices de la surface conique.

Les arcs des ellipses horizontales passant par les points 4 et 5 (fig. 5) serviront à tailler la surface du joint inférieur, et la douelle sera suffisamment déterminée par les courbes que l'on obtiendra en construisant les panneaux de sections par les plans verticaux BY, 1-3, et par une section intermédiaire si la variation de courbure était trop sensible entre les deux têtes de la pierre.

528. Si nous supposons que la voûte soit extradossée par un second ellipsoïde de révolution, qui aurait pour axes les droites b'b',d'd' (fig. 2), il faudra opérer de la manière suivante :

1° ▬▬ On construira la courbe hkhk,h'k'h' suivant laquelle l'ellipsoïde d'extrados est pénétré par les quatre cônes qui forment la surface du joint.

2° ▬▬ On développera les surfaces de ces cônes (fig. 4).

3° ▬▬ Puis lorsqu'on aura taillé la pierre (fig. 6) comme si elle devait être extradossée horizontalement, on appliquera sur la surface conique du joint, la partie M''' du développement de la figure 4 qui correspond à la douelle de la pierre que l'on veut tailler.

Pour ménager la pierre, on ferait passer le plan horizontal YX-2-3 par le point le plus élevé de la courbe 6-7, et si dans l'étude du principe (fig. 2), on a beaucoup écarté les deux plans horizontaux E'E',L'T', c'est afin d'éviter la confusion qui pourrait exister sur l'épure si les projections des lignes L'T', *hh* étaient trop rapprochées.

529. Courbe d'extrados. Dans la pratique, on néglige presque toujours de tailler les surfaces d'extrados qui, dans le plus grand nombre de cas sont cachées par les combles. C'est donc uniquement comme étude et comme exercice que je vais indiquer le moyen de construire la courbe d'extrados *hkhk,h'k'h'*.

530. *Première méthode* (fig. 2 et 3 ou fig. 9). Supposons, par exemple, que l'on veut déterminer le point *mm'* suivant lequel l'ellipsoïde d'extrados est percé par la droite UR, U'R';

    1° ▬▬ On pourra concevoir par cette droite le plan vertical P_1

    2° ▬▬ On construira l'ellipse *r'm'* provenant de l'intersection de l'ellipsoïde *b'd'b'd'* par le plan P_1

    3° ▭▭ Le point *m'* suivant lequel cette ellipse coupera la droite U'R', fera partie de la courbe d'extrados.

Il est bien entendu, que l'ellipse *r'm'* n'a été tracée ici tout entière que pour rappeler la nature de la courbe que l'on obtient en coupant l'ellipsoïde d'extrados par le plan P_1 et qu'il suffira, au moment de l'application, de construire le petit arc d'ellipse suffisant pour déterminer le point *m'm*.

On conçoit cependant, que pour tracer cet arc, quelque petit qu'il soit, il faut connaître le centre et les axes de l'ellipse à laquelle il appartient; or, le centre *xx'* de cette ellipse sera évidemment situé au milieu de son axe horizontal 8-9, et l'axe vertical *x'r'* sera égal à l'ordonnée *xr''* de la section circulaire, que l'on obtient en coupant l'ellipsoïde d'extrados par le plan P_2 perpendiculaire à son axe, et passant par le centre *xx'* de l'ellipse cherchée.

Cette section circulaire 10-*r''* rabattue sur le plan horizon-

tal qui contient le centre 18 de l'ellipsoïde d'extrados est décrite du point 11 comme centre avec le rayon 11-10.

En recommençant les opérations précédentes, on obtiendra
autant de points que l'on voudra de la courbe *hkhk*, *h'k'h'*.

Si quelques intersections devenaient trop aiguës, comme
cela pourrait avoir lieu pour les points situés dans le voisinage
du point *kk'*, on rabattrait le plan coupant, où l'on emploirait
un plan auxiliaire de projection.

531. *Deuxième méthode* (fig. 2 et 7 ou fig. 8). On peut
éviter la construction de l'ellipse de section par un moyen
extrêmement simple. En effet, supposons que l'on veut déterminer le point *nn'* suivant lequel la normale OK, O'K' perce
l'ellipsoïde d'extrados.

1° ▬▬ On coupera cette dernière surface par le plan P₃
projetant de la normale.

2° ▬▬ On obtiendra pour section une ellipse dont le centre
z' est situé au milieu du diamètre 12'-13', parallèle **au**
plan vertical de projection.

3° ▬▬ Ce diamètre est l'un des axes de l'ellipse cherchée,
qui a pour centre le point *z'z* et pour second axe l'ordonnée *z'y''* de la section circulaire que l'on obtient en
coupant l'ellipsoïde d'extrados par le plan P₄ perpendiculaire à son axe. Cette section circulaire 14-*y''*, rabattue
sur le plan vertical *bb*, sera décrite du point 15', comme
centre avec le rayon 15'-14'.

4° ▬▬ Si l'on fait tourner le plan P₃ autour de l'horizontale projetante du point *zz'*, jusqu'à ce que le point 12'
soit venu se placer en 12'' sur la verticale qui contient
le point *y''*; l'ellipse de section *z'*-12' deviendra *z'*-12'',
et son demi-grand axe *z'*-12'' ayant alors pour projection
horizontale la droite *z'y''* égal à la longueur du demi-
petit axe. Il est évident que l'ellipse se projettera sur le

plan horizontal par un cercle $y'''g$ décrit du point z, comme centre avec le rayon zy'''.

Mais, dans ce mouvement du plan P_3 autour de l'horizontale projetante du point zz', le point 16 de la normale OK n'aura pas changé de place.

De plus, un point quelconque 17-17' de cette même normale décrira l'arc de cercle 17'-17'' parallèle au plan vertical de projection, et lorsque le point 17-17' sera parvenu en 17'' et projeté en 17''', l'intersection de la droite 16-17''' avec l'arc de cercle $y'''g$ projection de l'ellipse z'-12'' déterminera le point demandé n''' que l'on projettera en n'' sur la droite z'-12'', et que l'on ramènera ensuite en $n'n$ par un arc de cercle parallèle au plan vertical de projection.

532. Pour obtenir le point kk' ($fig.$ 2 et 7) on coupera la voûte par le plan P_6 qui contient le plus grand parallèle de l'ellipsoïde d'extrados. Ce dernier cercle rabattu autour de l'horizontale projetante du point 18 deviendra 19-d'''.

On rabattra également le point q en q''' et le point S en S''', la droite Sq sera donc rabattue en $S'''q'''$, et le point k''' suivant lequel cette droite est coupée par l'arc de cercle 19-d''' sera le point demandé, que l'on ramènera à sa place en le faisant tourner autour de l'horizontale projetante du point 18.

---

533. **voûte elliptique en pendentifs.** —C'est principalement dans la construction des pendentifs elliptiques qu'il pourra être utile d'employer le principe précédent.

Ainsi ($fig.$ 11, $pl.$ 43), la partie du joint de lit correspondant à l'arc d'ellipse 11-17, pourra être formé par deux surfaces coniques qui se raccorderaient suivant la normale du point 5.

La surface 11-11-5-5 appartiendrait au cône dont le sommet serait situé au point 11 de la droite OE, tandis que la surface 5-5-17-17 ferait partie du cône qui a pour sommet le point 17 de la droite OG.

534. Les sommets de ces deux cônes seront facilement déterminés en opérant comme nous l'avons dit au n° 524, et l'on remarquera comme vérification, que la projection horizontale de la normale 5-17, qui forme la génératrice de raccordement des deux surfaces coniques, doit être perpendiculaire sur la corde EF, qui sous-tend le quart de l'une quelconque des ellipses ou arêtes horizontales d'intrados de la voûte.

En effet, le rayon O-6 de la figure 11 est parallèle à la corde EG, et la corde supplémentaire EF, paralèlle à la tangente du point 6, sera par conséquent perpendiculaire à la normale 6-18 de ce point. Les tangentes aux points 1, 2, 3, 4, 5 et 6 (fig. 10) devant être parallèles entre elles, les projections horizontales des normales correspondantes le seront aussi. Donc, si par chacun des points 1, 2, 3, 4, 5, 6, on construit une perpendiculaire sur la corde EG, ou sur la diagonale OH du rectangle circonscrit, on obtiendra immédiatement les projections horizontales des six normales qui doivent former les génératrices de raccordements des cônes correspondants.

Ces normales rencontreront l'axe OM de l'ellipsoïde d'intrados, suivant les six points 7, 8, 9, 10, 11 et 12, qui seront les sommets des cônes formant les joints de lit compris entre les plans projetants verticaux des droites OK, OH, et les mêmes normales perceront le plan équatorial GF de la voûte, suivant six autres points 13, 14, 15, 16, 17 et 18 qui seront les sommets des surfaces coniques, qui formeront les joints de lit compris dans l'angle KOh supplémentaire de KOH.

Les sommets 7, 8, 9, 10, etc., des surfaces coniques comprises dans l'angle formé par les plans verticaux OK, OH étant situés sur l'axe OM de l'ellipsoïde d'intrados, se projetteront sur le plan de la fig. 5 par un seul point O', et les projections des normales correspondantes seront déterminées en projetant les points 1, 2, 3, 4, 5 de la fig. 10, sur les arêtes horizontales des joints de lit de la voûte elliptique. Tous ces points seront situés sur l'ellipse K'S' qui provient de la section de la voûte par le plan vertical OK

535. Les coupes de joints normaux du berceau circulaire A seront dirigées vers le point O', et contiendront par conséquent les sommets des surfaces coniques qui forment les joints de lit pour toute la partie de la voûte comprise dans l'angle KOH, et les intersections de ces cônes par les plans de joints correspondants du berceau circulaire A, seront par conséquent des lignes droites dirigées chacune vers le sommet du cône correspondant.

Ainsi la droite 12-12 (*fig.* 10) doit être dirigée vers le point 12, la droite 11-11 vers le point 11, et 10-10 vers le point 10, etc.

536. Les verticales élevées par les points 13, 14, 15, 16, etc., de la fig. 11, déterminent sur les projections verticales des normales correspondantes les sommets 13, 14, 15, etc., des cônes qui forment les lits d'assises pour la partie de voûte comprise dans l'angle KO*h*, supplémentaire de KOH.

Les sommets de ces cônes se projetteront sur la droite O''S'' de la fig. 9, suivant des points dont les hauteurs seront déduites de leur projections sur la fig. 5.

Les sommets 7, 8, 9, 10, 11 et 12 situés sur l'axe OM de l'ellipsoïde d'intrados, se projetteront sur la droite O''K'' de la fig. 9, et si l'on joint ces derniers points avec ceux que l'on a obtenus précédemment sur la droite O''S'', on obtiendra les projections des six normales de raccordement sur la fig. 9.

537. On devra s'assurer que ces normales coupent les arêtes horizontales des joints de lit, suivant des points situés sur l'ellipse K″S″, qui contient les points 1, 2, 3, 4, etc., de la figure 9.

538. Les traces des plans de joints du berceau elliptique B, seront dirigées vers les sommets 13, 14, 15, 16 etc., des cônes qui forment les joints correspondants de la voûte. Ainsi, par exemple, le joint de coupe (18-18, *fig.* 9) sera dirigé vers le point 18, le joint 17-17 vers le point 17, etc.

Il résulte de cette disposition que les joints du berceau elliptique B ne sont pas tout à fait normaux à l'intrados, mais ils sont très-près de satisfaire à cette condition, et la différence insensible qui existe entre ces plans, et des joints qui seraient tout à fait normaux, est amplement compensée par cet avantage, que les plans de joints du berceau, contenant les sommets des cônes qui forment les joints de la voûte, les intersections de ces surfaces seront des lignes droites dirigées chacune vers le sommet du cône correspondant; ainsi (*fig.* 10), la droite 18-18 devra être dirigée vers le sommet 18, du cône qui forme le sixième point de la voûte, la droite 17-17 doit aboutir au point 17, etc.

539. Les courbes ponctuées 7-13, 8-14, 9-15, 10-16, 11-17 et 12-18 sont des arcs d'ellipses, et proviennent des intersections des joints coniques de la voûte, par les plans horizontaux P_1 P_2 P_3 etc., qui forment les lits d'assise du mur d'enceinte, et par les deux plans horizontaux P_5 et P_6 ces courbes seront déterminées en opérant comme nous l'avons dit au n° 526.

La théorie semblerait exiger que les arcs d'ellipses 11-17 et 12-18 fussent remplacés par les courbes à double courbure, que l'on obtiendrait en opérant comme nous l'avons dit au n° 529.

Mais, il n'y a pas nécessité absolue, que la calotte qui forme l'extrados de la voûte elliptique appartienne à un ellipsoïde, et l'on peut sans inconvénient pour la pratique, remplacer les courbes à double courbure et presque planes, qui auraient lieu dans ce cas, par les courbes elliptiques suivant lesquelles les surfaces coniques qui ont les sommets aux points 17 et 18, sont coupées par les plans horizontaux qui contiennent le point le plus élevé de chaque pierre.

540. On peut même se contenter, comme nous l'avons fait ici, de prendre pour arêtes d'extrados, les arcs d'ellipse que l'on obtiendrait en coupant les joints coniques par les plans horizontaux P_5 et P_6 qui contiennent les points 23 et 21 de l'arc de cercle 25-26. Ce qui revient à remplacer l'ellipsoïde d'extrados, par la surface qui contient les sections des joints coniques par les plans horizontaux P_5 P_6 P_7 etc., et rien n'empêche d'ailleurs que cette surface contienne les deux cercles verticaux 27-28 et 29-30, que l'on pourra considérer alors comme les intersections de l'extrados de la voûte par les extrados cylindriques des berceaux.

541. Enfin les courbes 11-19, 12-20, 17-21, 18-22, sont les intersections de la surface d'extrados par les joints plans des berceaux.

542. La figure 4 contient les panneaux de joints du berceau B, et la figure 8 contient ceux du berceau A.

543. Pour ne pas détourner l'attention, je n'ai rien dit jusqu'à présent des lignes d'appareils, dont la disposition présente quelques difficultés que l'on ne rencontre pas dans la construction des voûtes sphériques.

Ainsi, par exemple, pour que les arcs d'ellipses provenant

de la section de la voûte par les plans de joints des berceaux
A et B se raccordent d'une manière régulière avec les arêtes
horizontales des joints de lit de la voûte elliptique, il faut que
les coupes de joint des deux berceaux soient faites à la même
hauteur, et par conséquent que ces deux voûtes contiennent
le même nombre de voussoirs.

Mais alors, si l'on partage en parties égales l'arc de cercle
K'X', qui forme la section droite du berceau A, fig. 5, les
points de division reportés à la même hauteur, fig. 9, sur l'arc
d'ellipse K''Y'', partageront cette courbe en parties très-inégales, et réciproquement, si l'on partage en parties égales la
courbe K''Y'', il y aura trop d'inégalité entre les voussoirs du
berceau A, fig. 5.

On fera disparaître une partie de cette difficulté, en opérant
de la manière suivante;

1° ▬▬ La figure 1 étant le plan de la voûte entière, on
déterminera le point m milieu de OK, et la droite mb perpendiculaire sur om' sera la moitié du grand axe oc de
l'ellipse directrice du berceau B;

2° ▬▬ On rabattra mb en bm' sur le prolongement de ob, et
la droite $om' = ob + bm' = \dfrac{ck}{2} + \dfrac{oc}{2}$ sera une moyenne
par différence, entre le rayon ck du petit berceau, et le
rayon oc du grand;

3° ▬▬ Sur la droite c'm'' égale à om', on décrira le quart
d'ellipse m''x' que l'on partagera en parties égales, et,
les points de division, ramenés par des horizontales sur
les courbes k'x' et k''y'' directrices des berceaux A et B,
détermineront les hauteurs des coupes de joints.

Les voussoirs du plus petit berceau diminueront de grosseur
en partant du plan de naissance, tandis que ceux du grand
berceau augmenteront : mais, la loi régulière à laquelle
seront soumises ces variations, ne produira aucun effet désagréable à l'œil.

544. Des considérations de même nature, devront être observées dans la division en assises de la voûte elliptique ; car, si l'on divise en parties égales la section équatoriale $v's'u'$, les largeurs d'assises seront très-inégales sur la section méridienne rl, et pour diminuer cette inégalité, on pourra opérer de la manière suivante ;

1° ▬▬ On déterminera le point d milieu de ou ;

2° ▬▬ On tracera la perpendiculaire dn que l'on rabattra en dn', et la droite on' sera une moyenne par différence entre le plus petit rayon ou et le plus grand rayon ol de l'ellipse $lurv$, suivant laquelle la voûte est coupée par le plan de naissance ;

3° ▬▬ Sur la droite $o'n''$, égale à on', on construira le quart d'ellipse $n''s'$, que l'on partagera en parties égales, et les points de division ramenés par des horizontales sur la section équatoriale $u's'v'$ détermineront les hauteurs des joints d'assise de la voûte elliptique.

4° ▬▬ Les points de division de la section $v's'$ étant projetés sur la droite ov détermineront les petits axes des ellipses qui forment les arêtes d'intrados de la voûte.

Le grand axe de chacune de ces ellipses sera déterminé par une droite ae parallèle à la diagonale kh du rectangle inscrit.

On pourra ici, comme dans les voûtes sphériques, remplacer par un vitrage, quelques-unes des assises supérieures.

545. L'exactitude et la régularité de l'appareil étant un des éléments essentiels de toute bonne construction, on pourra employer quelques-unes des vérifications suivantes.

On tracera les courbes zt qui contiennent les points suivant lesquels les plans de joints des deux berceaux rencontrent les ellipses horizontales qui forment les arêtes d'intrados de la voûte, et si la courbure de ces lignes est régulière et sans variations brusques, ce sera une preuve que les hauteurs des coupes sont partout bien déterminées. Ces courbes, tra-

cées au crayon sur les figures 10, 5 et 9, n'ont pas dû être conservées.

Pareillement, une irrégularité dans la courbe 13-18 de la figure 5 indiquerait quelque erreur dans la direction des normales de raccordements des surfaces coniques.

Il est bien entendu que cette régularité de courbure ne devrait pas exister si, pour quelque motif exceptionnel, on avait dû sacrifier l'une ou l'autre des conditions nécessaires pour obtenir des voussoirs de largeurs égales ou variées uniformément.

546. Les joints montants de la voûte elliptique seront déterminés par des plans verticaux perpendiculaires autant que possible aux arêtes horizontales des lits d'assise.

Il est facile de comprendre cependant que le joint ne peut pas être en même temps perpendiculaire aux deux arêtes d'intrados de la même pierre.

Ainsi, par exemple, si le joint *ac* (*fig.* 11) est perpendiculaire à l'ellipse 12-18, il ne sera pas perpendiculaire à l'ellipse 11-17 et réciproquement. D'ailleurs si ces plans étaient rigoureusement perpendiculaires à l'une ou à l'autre de ces deux ellipses, ils ne contiendraient pas les sommets des surfaces coniques qui forment les joints de la voûte elliptique, puisque les génératrices de ces cônes, normales aux points 5 ou 6, ne peuvent pas être normales aux points *a* ou *c*.

Dans l'impossibilité de satisfaire théoriquement à cette condition, on devra se contenter du moyen suivant qui sera toujours suffisamment exact dans l'application.

Tout joint situé dans l'angle HOK devra contenir la génératrice de l'un des cônes qui ont leur sommet sur la droite OE, tandis que tout joint montant situé dans l'angle supplémentaire HO*k*, sera dirigé vers l'un des sommets projetés sur la droite OG.

Ainsi, par exemple, le plan de joint *ac* devra contenir le

sommet 11, tandis que le plan de joint *vu* contiendra le sommet 17.

Dans ce cas, les intersections avec les joints coniques qui contiennent l'arête elliptique 11-17 seront des lignes droites, tandis que les intersections avec le joint 12-18 auront une courbure *insensible*, et par conséquent négligeable *sur l'épure*, tandis que si l'on voulait que ces dernières lignes fussent droites, il aurait fallu diriger le plan de coupe *ac* vers le sommet 12, et le plan *vu* vers le point 18, mais alors les intersections avec les joints coniques qui contiennent l'arête elliptique 11-17 seraient *insensiblement* courbes.

Enfin, pour satisfaire les esprits qui aiment à pousser l'exactitude théorique jusqu'à ses dernières limites, il est évident que l'on devrait diriger le plan de joint *ac* vers le milieu de la petite partie 11-12 du rayon OE, et le plan de joint vu vers le milieu de la partie 17-18 du rayon OG.

547. Taille des voussoirs. — Supposons que l'on veut tailler la pierre qui est désignée sur le plan par la lettre T.

1° ▬▬ On équarrira le parallélipipède qui a pour base le rectangle *mnor*, et pour épaisseur la différence de hauteur qui existe entre les plans horizontaux P_6 et P_6 (*fig.* 9).

2° ▬▬ On taillera le plan vertical 6-*x* sur lequel on appliquera le panneau D″ de la figure 6. Les abscisses des différents points de ce panneau sont prises sur la droite 6-*x* (*fig.* 10), et les ordonnées sont déduites de la figure 5 ou de la figure 9.

3° ▬▬ On taillera le cylindre vertical 6-18, puis, avec une règle flexible, on tracera l'arc d'ellipse 6-18 qui forme l'arête horizontale du joint de lit supérieur.

4° ▬▬ On tracera sur la face supérieure du parallélipipède la courbe 18-31 suivant laquelle le plan P_6 coupe le joint conique qui a pour sommet le point 18 de la courbe 13-18 (*fig.* 5); on doit se rappeler (592) que pour la pratique on peut substituer cet arc d'ellipse **18-31** à la courbe à double courbure qui proviendrait de la rencontre du joint conique avec la surface d'extrados, dans le cas où cette surface serait un ellipsoïde.

Les deux courbes **6-18** et **31-18** seront les directrices du joint de lit correspondant à l'arête **6-18**.

5° ▬▬ On taillera le cylindre vertical qui contient l'arc d'ellipse horizontal x-**17**, que l'on tracera avec une règle flexible, et cette courbe, avec l'arête d'intrados **17**-z serviront de directrices pour le joint conique qui a pour sommet le point **17** (*fig.* 5).

6° ▬▬ Le panneau L'' de la figure 9 étant appliqué sur la face verticale *or* du parallélipipède rectangle. On taillera les deux plans de joint du berceau B, et l'on appliquera sur ces plans les panneaux correspondants de la figure 4.

Toutes les coupes seront alors déterminées, et l'on pourra tailler facilement les douelles du berceau B et de l'arc doubleau qui le sépare de la voûte elliptique.

7° ▬▬ Quant à la face qui fait partie de l'intrados de la voûte, sa courbure sera suffisamment déterminée par les arcs horizontaux z-**17** et **6-18** par l'arc **6-**z'' du panneau D'' (*fig.* 6), et par les arcs d'ellipses d'intrados qui appartiennent aux panneaux de joints de la figure 4. Mais si l'on ne pensait pas que cela fût suffisant, on pourrait tailler une cerce sur l'ellipse que l'on obtiendrait en coupant la voûte par un plan horizontal mené à égale distance des plans qui contiennent les deux arêtes de douelle **6-18** et x-**17** (*fig.* 5).

548. Les difficultés assez nombreuses que nous avons rencontrées dans l'étude précédente conduisent naturellement à rechercher s'il serait possible de résoudre la question d'une autre manière.

Or le but essentiel que l'on s'était proposé d'atteindre étant de couvrir un espace rectangulaire *acvu* (*fig.* 7) par une voûte en pendentif, il est évident que l'on y parviendrait en employant une voûte sphérique S sur un plan quarré *mnox* augmenté en longueur par l'addition de deux petits berceaux cylindriques A et B, que l'on pourrait facilement décorer avec des caissons, rosaces ou ornements quelconques, et l'on conçoit que le problème serait alors ramené à l'exemple qui est figuré sur la planche 41 du *Traité de coupe des pierres.*

Charpente.

549. **Stabilité des fermes et berceaux.** — On sait que les lois de la pesanteur tendent constamment à déformer le cintre des berceaux cylindriques; et, quelle que soit la perfection des assemblages, on ne peut empêcher cet effet qu'en inscrivant (*fig.* 15, *pl.* 44) ou en circonscrivant au comble dont il s'agit (*fig.* 14) une ferme en bois droits assez solide pour s'opposer à la déformation de la courbe qui forme le cintre du berceau.

550. Il résulte de là que les bois courbes qui entrent dans la composition des combles ne doivent être considérés que comme des revêtements destinés à orner ou à régulariser les surfaces des voûtes, et qu'on ne doit compter que sur la force des bois droits.

Il est bien entendu qu'il ne s'agit pas ici des bois courbés naturellement, parce qu'ils ont autant et souvent plus de force que les bois droits. Quand aux pièces courbes dont le cintrement provient de l'évidement du bois, on ne doit tenir compte que de la partie dont les fibres n'ont pas été tranchées (*fig.* 17).

Les réflexions qui précèdent expliquent pourquoi nous allons d'abord étudier les conditions qui se rapportent à la stabilité des fermes droites.

551. Concevons (*fig.* 4) deux arbalétriers AB, AC assemblés au point A, autour duquel ils peuvent tourner librement, leurs pieds B et C pouvant glisser sur le plan horizontal qui forme la face supérieure des murs M, et supposons, pour plus de simplicité, que ces deux arbalétriers soient chargés également dans toute leur longueur. Le poids qui agit sur l'un d'eux sera exprimé par la force verticale F appliquée au point O, milieu de AB.

Cette force sera décomposée en deux forces parallèles F_1 F_2 égales chacune à $\frac{1}{2}F$ et appliquées aux extrémités de l'arbalétrier AB.

La force verticale F qui agit sur le second arbalétrier AC, se décompose également en deux forces F_1 F_2 égales à $\frac{1}{2}F$ appliquées aux points A et C.

Les forces F_1 agiront sur les murs par lesquels elles seront détruites, de sorte qu'il ne restera plus au point A que les deux forces F_2 égales chacune à la moitié de F qui formeront la résultante verticale $2F_2$ égale à F et agissant suivant l'axe du poinçon. Cette dernière force pourra être remplacée par les deux composantes F_3 appliquées au point A et agissant parallèlement aux fibres des deux arbalétriers.

L'une de ces forces F_3 transportée au point B, deviendra F_4 et aura pour composantes la verticale F_5 détruite par le mur, et l'horizontale F_6 qui exprime la poussée au vide, que l'on ne peut détruire que par le tirant ou par des contre-forts placés à l'extérieur du bâtiment.

552. Cette dernière force F_6 peut être exprimée par une formule très-simple. En effet, le triangle rectangle BF_6F_4 donne $BF_6 = F_6F_4$ *tang.* BF_4F_6 mais l'angle $BF_4F_6 = BAD$.

De plus, la distance F_6F_4 égale la force F_2 du point A ; par conséquent, on aura BF_6 ou simplement

$$F_6 = F_2 \, tang. \, BAD.$$

553. C'est-à-dire que la force qui *tend à faire glisser le pied de chaque arbalétrier est égale à la composante F_2 multipliée par la tangente de l'angle que l'arbalétrier fait avec la verticale du sommet.* La force $F_7 = F_1 + F_5$ est égale à F et représente la pression qui agit verticalement sur le mur.

554. Pour obtenir la formule précédente, nous avons supposé que l'arbalétrier était inflexible, ce qui n'aurait pas lieu si cette pièce était isolée comme nous l'avons supposé d'abord. En effet, en exprimant par F (*fig.* 1) la résultante de toutes les forces verticales qui agissent sur la demi-ferme, il est évident que cette force peut être remplacée par les deux composantes F_1 et F_2. La première, parallèle à la direction de l'arbalétrier, tend à comprimer les fibres, et la seconde F_2 perpendiculaire sur AB détermine la flexion.

Mais cette force F_2 est en grande partie détruite par la résistance de l'arbalétrier ; résistance qui dépend de l'équarrissage de cette pièce, et surtout de sa dimension dans le sens de F_2 de sorte que, si l'on exprime par F_3 la résistance que la pièce oppose à la flexion, la force qui reste à détruire ne sera plus égale qu'à $F_2 - F_3$ mais la force de résistance F_3 peut elle-même être augmentée considérablement en diminuant la longueur de la pièce, ou, ce qui revient au même, en rapprochant les points d'appui, et, dans la pratique, on parvient facilement à éviter toute flexion par l'addition des contre-fiches, jambes de force ou *entraits.*

555. La formule que nous venons d'obtenir est con-

forme à celle que M. Arthur Morin a donnée, dans l'ouvrage qu'il vient de publier récemment, sur la résistance des matériaux. Ainsi, en exprimant par T la traction horizontale du tirant, il trouve

$$T = \frac{p\,CC'}{2\,h}$$

C étant la longueur de l'arbalétrier, et p le poids qui est supporté par un mètre courant de cette pièce ; de sorte que pC est le poids total qui agit sur chacun des arbalétriers ; C′ est la demi-longueur du tirant, et h la hauteur du sommet de la ferme au-dessus du tirant, d'où

$$\frac{C'}{h} = tang.\ \text{BAD};$$

mais pC est le poids que nous avions précédemment nommé F $= 2F_2$ de sorte qu'en résumant on a

$$T = \frac{p\,CC'}{2\,h}$$
$$pC = 2F_2$$
$$\frac{C'}{h} = tang.\ \text{BAD};$$

puis, faisant le produit de ces équations et réduisant, o aura, comme au n° 432,

$$T = F = F_2\ tang.\ \text{BAD}.$$

556. Ce résultat ne s'accorde pas avec la formule donnée par M. Emy, dans son Traité de charpente.

En exprimant par P le poids que j'ai nommé F et par R la traction horizontale du tirant, il obtient

$$R = \frac{P\,cos.\ \text{ABD}}{sin.\ \text{ABD}} = \frac{P\,sin.\ \text{BAD}}{cos.\ \text{BAD}} =$$

$$= P\ tang.\ \text{BAD} = F\ tang.\ \text{BAD} = 2F^2\ tang.\ \text{BAD},$$

ce qui donnerait le double du résultat qui proviendrait de la formule du n° 432 et de celle de M. Morin.

L'erreur commise ici par M. Emy vient de ce qu'en composant suivant l'axe du poinçon, la *somme totale* 2F des poids qui agissent sur les deux arbalétriers, il oublie que l'une des composantes F_1 égale à la moitié de F agit directement sur le mur, tandis que F_2 appliquée au sommet A de la ferme, est la seule partie de F qui agit sur le tirant par l'intermédiaire de l'arbalétrier; de sorte que la force verticale $2F_2$ appliquée au point A, n'est égale qu'à la moitié de 2F poids total du comble, au lieu d'être égale à ce poids tout entier, comme l'a supposé M. Emy.

557. En jetant un coup d'œil sur la *fig.* 2, où l'on suppose que le poids 2F est distribué uniformément suivant la longueur des arbalétriers AB, AC, il est facile de voir que chacun des murs portera un poids égal à $\frac{1}{2}F$ et que par conséquent il ne restera plus qu'une force F appliquée au sommet A de la ferme.

558. Cela est encore évident sur la *fig.* 3, où les arbalétriers sont remplacés par les deux poutres horizontales AB, AC.

559. Les formules données aux nos 432 et 435 ont d'ailleurs été vérifiées de la manière suivante : M. Morin a fait disposer, *fig.* 12, deux arbalétriers AB, AC, pouvant tourner librement autour du point A. Les pieds B et C, reliés par deux demi-tirants, accrochés à un dinamomètre D, étaient posés sur des sablières rendues très-mobiles par les galets sur lesquels elles pouvaient rouler facilement.

Enfin, des caisses placées au-dessus des arbalétriers ont reçu un certain nombre de balles de fer, dont le poids agissait comme aurait pu le faire la couverture d'un comble.

En faisant varier le nombre des balles distribuées uniformement dans les caisses, M. Morin a pu déterminer, dans chaque cas, quelle était la traction horizontale indiquée par le dinamomètre.

Les résultats ainsi obtenus par l'expérience ont été entièrement conformes aux nombres calculés par la formule.

560. Il est à regretter que M. Morin n'ait pas cru devoir rechercher ce qui serait arrivé si, au lieu de distribuer les poids uniformément sur les arbalétriers, il avait accumulé une certaine quantité de force sur quelques points déterminés de leurs longueurs. En effet,

561. Les formules des n°ˢ 432 et 435 ne sont pas tout à fait conformes à ce qui a lieu ordinairement, parce que l'on a supposé, pour obtenir ces formules, que le poids des charpentes et de la couverture était également réparti sur la longueur des arbalétriers, ce qui n'a presque jamais lieu dans la pratique. Souvent les pièces de bois d'une ferme sont plus nombreuses dans le voisinage des murs que vers le poinçon. D'autres fois, au contraire, et surtout lorsqu'il y a une lanterne, c'est la partie supérieure de la ferme qui est le plus chargée; et, dans ce cas, le point d'application de la résultante peut être assez loin du milieu de l'arbalétrier. Alors les deux composantes verticales des points A et B ne seront plus égales entre elles, et l'on devra opérer de la manière suivante :

562. *Première méthode*. Supposons (*fig.* 5) que la verticale F soit la résultante de toutes les forces qui agissent sur l'arbalétrier AB, on décomposera F suivant les deux forces parallèles F_1 et F_2 qui sont entre elles comme OA : OB (*statique*).

Le poids $F_8 = F$ qui agit sur le second arbalétrier sera décomposé de la même manière, ce qui donnera une seconde force F_2 appliquée au point A.

Les deux forces F_2 du point A se composeront en une seule force $2F_2$ qui aura pour composantes les deux forces F_3 F_3 agissant suivant la direction des arbalétriers. L'une des forces F_3 transportée au point B, deviendra F_4 dont les composantes seront la verticale F_5 détruite par le mur, et l'horizontale F_6 qui exprime par conséquent la poussée au vide, agissant par traction sur le pied du tirant.

563. Cette dernière force F_6 sera encore exprimée par la formule

$$(1) \qquad F_6 = F_2 \; tang.\; \text{BAD},$$

que nous avons donnée plus haut (432).

Mais on doit avoir la proportion

$$F_2 : F = \text{BO} : \text{AB}, \qquad \text{d'où}$$

$$(2) \qquad F_2 = \frac{\text{BO}}{\text{AB}}.F, \quad \text{et multipliant (1) par (2)}$$

on obtient $\qquad F_6 = \dfrac{\text{BO}}{\text{AB}} . F.\; tang.\; \text{BAD}.$

564. La force F_5 composante de F_4 étant ajoutée avec F_1 composante de F, on aura, comme précédemment, F_7 égale à F pour l'expression du poids qui agit verticalement sur le mur.

565. *Deuxième méthode.* La force F_8 égale à F étant la résultante de tous les poids qui agissent sur l'arbalétrier AC, on concevra les deux forces verticales F_{10} et F_{11} égales et parallèles à la force F_8 que l'on peut transporter en F_9 L'introduction des nouvelles forces F_{10} et F_{11} ne changera rien, et tout se réduira aux trois forces : F_9 F_{10} et F_{11} la dernière F_{11} égale à F_8 exprime la pression sur le mur, et les deux autres, F_9 et F_{10} forment un couple, agissant sur le bras de levier CV, que l'on peut amener dans la position

verticale CN en lui faisait faire un quart de révolution autour d'un point C.

Par suite de ce mouvement, la force F_{10} prend la position horizontale F_{13} et la force verticale F_9 devient F_{12}. Les forces horizontales F_{13} et F_{12} ou, ce qui est la même chose, F_{13} et F_{14} expriment la poussée horizontale qui aurait lieu aux points S et C si l'arbalétrier avait pour longueur la distance CS de ces deux points; mais il n'en est pas ainsi, et l'arbalétrier étant terminé au point A, il faut remplacer le couple des deux forces F_{12} et F_{13} par un autre couple, dont le bras de levier CH serait égal à la hauteur DA du comble, ce qui revient à déterminer les deux forces égales F_{15} et F_{12} en rapport inverse des droites CH et CN.

Pour satisfaire à cette condition :

1° On fera CI égale à F_{12}

2° On tracera la droite HI ;

3° On tracera NK parallèle à HI, et la droite CK sera l'expression graphique de chacune des deux forces égales F_{15} et F_{16} dont l'ensemble remplace le couple des deux forces F_{12} et F_{13}

En effet, par suite du parallélisme des deux droites NK et HI, on aura

$$CI : CK = CH : CN$$
ou $$F_{12} : F_{15} = CH : CN.$$

566. Ainsi, la force horizontale F_{15} et par conséquent F_{16} exprime la poussée au vide au pied C de l'arbalétrier AC, et la force F_{17} égale à F_{15} exprime la force qui, au point A, pousse horizontalement l'arbalétrier AB.

567. La force horizontale F_{17} a pour composantes les deux forces F_{18} et F_3

La première, qui agit de bas en haut, empêche l'arba

létrier AB de tomber, et la force F_3 devient F_4 qui se décompose comme nous l'avons dit plus haut (442).

568. La proportion $F_{12} : F_{15} = CH : CN$ donne $CH \times F_{15} = CN \times F_{12}$ que l'on peut remplacer par

(1) $DA \times F_{16} = CV \times F_8$

Mais on a $CV = CU$ *sin.* CUV,   ou

(2) $CV = BO$ *sin.* BAD.

On a de plus $DA = AC$ *cos.* CAD,   d'où

(3) $AB \cdot cos. \ BAD = DA$.

Multipliant les équations (1) (2) et (3), puis réduisant, on obtient

$$AB \cdot cos. \ BAD \cdot F_{16} = BO \cdot sin. \ BAD \cdot F_8 \quad \text{d'où}$$

$$F_{16} = \frac{BO}{AB} \cdot F_8 \ tang. \ BAD = \frac{BO}{AB} \cdot F \ tang. \ BAD$$

comme au n° 443.

569. L'équation (1) donne $F_{16} = \dfrac{CV \cdot F_8}{DA}$.

Or, $CV \times F_8$ est le moment résultant de tous les poids par rapport à la verticale du point C. Ainsi :

Après avoir multiplié le poids de chacune des parties du comble par la distance de son centre de gravité à la verticale du point C, on fera la somme de tous les produits, ce qui donnera le moment total; et, divisant le résultat ainsi obtenu par la hauteur du comble, on obtiendra l'expression de la poussée horizontale qui agit à chacune des extrémités de l'arbalétrier.

570. Lorsque la ferme sera très-chargée en bois, dans sa partie supérieure, *fig.* 6, la résultante se rapprochera du poinçon, et le bras de levier du couple résultant

augmentera; mais cela ne changera rien à ce que nous venons de dire, et, opérant comme ci-dessus, on obtiendra $F_7 = F_6 = F_8$ pour la poussée horizontale qui aurait lieu si l'arbalétrier se prolongeait jusqu'au point A, tandis que l'on obtiendrait $F_{10} = F_9 = F_{11}$ pour la poussée horizontale qui agirait au point B et au point E, si l'arbalétrier se terminait à ce point, car dans le cas où l'arbalétrier serait BA, il est évident que l'entrait n'aurait à résister qu'à la flexion (434).

571. Les mêmes raisonnements seront applicables au cas où il y aurait une lanterne. Ainsi, *fig.* 8, le produit $CV \times F_1$ étant le moment résultant, ou la somme des moments de toutes les parties du comble par rapport à la verticale du point C, on divisera ce nombre par CH, et le quotient $F_7 = F_8 = F_9$ exprimera la poussée horizontale au pied C de l'arbalétrier et au point E au-dessous du poteau EL de la lanterne.

572. Lorsque rien ne s'oppose à ce que l'on puisse employer un tirant, il est facile de détruire les deux forces horizontales qui tendent à écarter les pieds des arbalétriers; mais lorsque, pour dégager l'intérieur du bâtiment, on est forcé de supprimer le tirant, la difficulté devient beaucoup plus grande.

Les moyens employés pour atteindre ce but sont de plusieurs sortes; ainsi, on peut augmenter la résistance du mur par des contre-forts établis en charpente ou en maçonnerie au droit de chaque ferme.

573. Si l'on ne peut pas employer de contre-forts à l'extérieur, on peut diminuer la poussée en reliant les deux arbalétriers, *fig.* 9, par un tirant *aa*, placé au-dessus de l'espace vide que l'on veut réserver.

574. Cette pièce, s'opposant à l'ouverture de l'angle *aca*, empêchera les pieds des arbalétriers de s'écarter, mais alors le point *a* ayant à supporter la moitié du poids de la ferme supérieure sera exposé à la rupture, et l'on devra s'attacher à fortifier cette partie par des ferrures, ou plutôt par un aisselier *mn*, qui empêchera l'angle *man* de s'ouvrir.

575. La pièce *mn* serait surtout indispensable si l'arbalétrier était discontinu comme on le voit sur la ferme de la *fig.* 7, parce que, dans ce cas, le trapèze formé par l'entrait et par les deux arbalétriers inférieurs serait variable dans sa forme (*fig.* 15).

Dans les grands combles on établit vers les naissances (*fig.* 7, 10 et 14) des pans de bois dont la forme et la position constantes donnent à l'ensemble une grande solidité.

En effet (15), c'est par la décomposition en triangles des différentes parties d'un pan de bois, ou d'une ferme, que l'on parvient à combattre toutes les causes de déformation ; et lorsque l'on ne peut pas établir ces triangles à l'intérieur d'une voûte, il faut les placer à l'extérieur.

576. En général, il en est de la charpente comme de la maçonnerie ; il est certainement intéressant de rechercher les forces qui pourraient agir sur une pierre ou sur un morceau de bois isolé ; mais il est bien plus essentiel encore de lier entre elles d'une manière invariable toutes les parties de la construction ; ainsi, par exemple, quelque perfection que l'on ait apportée dans la taille des pierres qui doivent composer une voûte, l'édifice ne tiendra pas si les matériaux ne sont pas bien liés entre eux ; tandis qu'au contraire si, par l'emploi des mortiers ou des armatures, on peut réunir toutes les parties assez solidement pour que

l'on puisse considérer la voûte entière comme étant formée
d'une seule pièce, on n'aura plus à craindre que la poussée très-faible provenant de l'élasticité de l'ensemble au
lieu de la force immense qui aurait lieu si les voussoirs,
mal liés entre eux, pouvaient agir comme des coins.

577. De même, dans la charpente, si, par des points
d'appui suffisamment rapprochés, on est parvenu à détruire l'élasticité, et par conséquent la flexion des grandes
pièces; si, par la décomposition en triangles, on a rendu
impossible la déformation des angles, on aura presque
entièrement détruit la poussée sur les murs, ou du moins
on aura réduit cette poussée à une limite inférieure aux
résistances dont on pourra disposer.

578. Si l'on étudie la *fig.* 11, on comprendra facilement les principes qui ont présidé à la composition de la
ferme qui est projetée sur la *fig.* 7. En effet, nous avons
vu au n° 432 que la force horizontale qui tend à faire
glisser le pied de chaque arbéletrier a pour expression
F_2 *tang.* BAD. Il est donc évident que, si l'on diminue
l'angle au sommet de la ferme, on diminuera la poussée;
par conséquent, si l'on remplaçait la ferme très-obtuse BAC
par la ferme aiguë B'A'C', la poussée au vide, en supposant égalité de poids, serait diminuée dans le rapport des
tangentes des deux angles BAD, B'A'D'.

Or, si l'on réunit les deux fermes, on aura diminué la
poussée sans changer le poids ni l'inclinaison de la couverture, qui sera toujours supportée par la ferme BAC.

579. Ainsi, on pourra considérer la *fig.* 7 comme composée de deux fermes superposées ou plutôt d'une seule
ferme très-aiguë B'A'C', dans laquelle l'entrait serait formé
par le tirant BC de la ferme obtuse BAC qui soutient la
couverture.

Il est évident alors que, si l'on parvient à lier d'une manière invariable toutes les pièces de ces deux fermes, on pourra sans inconvénient supprimer les parties supérieures A'K, A'H des arbalétriers de la ferme aiguë.

580. On voit que toute la solidité dépendra surtout de la liaison plus ou moins parfaite de toutes les pièces qui composent les parties latérales KUB', HVC', et cette liaison serait encore plus intime si les jambes de force B'E, C'F étaient remplacées par des moises, prolongées, comme on peut le voir *fig.* 10 et 13, jusqu'à la surface supérieure du comble.

581. La poussée au vide exprimée par la force horizontale F (*fig.* 13) se compose avec F_1 qui est égal au poids de la moitié du comble, et la résultante de ces deux forces est F_2 or, si l'on augmente la composante F_1 jusqu'à ce qu'elle devienne F_3 la résultante F_4 se rapprochera de la verticale, de manière à percer le sol en un point situé entre les plans verticaux P_1 et P_2 d'où il résulte qu'en chargeant les pieds des arbalétriers on augmentera la stabilité. Ainsi, dans une grande ferme, on pourra remplir de maçonnerie les triangles I des figures 13 et 7.

582. Ce moyen est analogue à celui que l'on emploie dans la construction d'un berceau cylindrique en pierres, et les poids dont on chargerait les murs dans le cas actuel remplaceraient évidemment les culées M ou *tas de charge*, *fig.* 18, destinés à combattre la poussée des grandes arches.

583. Stabilité des combles coniques, dômes et coupoles. — Les principes précédents peuvent être utilement appliqués dans la construction de combles sphériques ou coniques de dimensions peu considérables, comme, par exemple, lorsque l'on veut couvrir ou restaurer le clocher d'une église ou quelque tourelle d'un ancien château. Mais quand il s'agira d'un monument d'un très-grand diamètre, il sera toujours préférable de n'employer que des bois droits pour les parties qui exigent une force que l'on ne pourrait jamais obtenir avec des pièces courbes dans lesquelles une partie des fibres aurait été tranchée. En effet, nous avons déjà dit que la solidité des berceaux cylindriques dépendait surtout des fermes en bois droits qui leur étaient inscrites ou circonscrites ; eh bien, il en est de même des dômes ou coupoles sphériques, dont la solidité dépend des cônes ou pyramides formés par l'ensemble des grands arbalétriers inscrits ou circonscrits aux fermes courbes qui forment en quelque sorte les méridiens la voûte principale.

Nous sommes donc naturellement conduits à rechercher les conditions de stabilité des combles coniques et pyramidaux.

584. Si l'on pouvait placer un tirant à chacune des fermes ou sections méridiennes du comble, ou si l'on pouvait remplacer tous ces tirants par une enrayure, comme nous l'avons dit aux numéros 464 et 465, la question ne présenterait aucune difficulté ; mais, les dômes ou coupoles étant presque toujours destinés à couvrir des salles d'assemblées, on doit chercher, autant que possible, à débarrasser l'intérieur de la voûte de toute pièce de bois apparente, et dans ce cas, on remplace les tirants par une couronne ou *ceinture* formée par l'ensemble de toutes les sablières.

Cette couronne, **qui remplace tous les tirants**, *doit être assez solide, en chacun de ses points, pour résister à la poussée horizontale qui tend à faire glisser le pied de l'arbalétrier de la ferme correspondante.*

585. Supposons d'abord que l'ensemble des sablières forme la couronne qui est indiquée sur la figure 19 de la planche 45, il est évident que si les pièces de bois qui composent cette couronne sont évidées à l'intérieur et cintrées en dehors, il ne faudra compter, comme nous l'avons dit ailleurs, que sur la partie de chaque pièce dont les fibres n'auront pas été tranchées.

Or toutes les parties qui ne sont pas teintées sur la figure forment évidemment un polygone régulier dont chaque sommet correspond au pied d'un arbalétrier, et la question revient alors à étudier pour chacun de ces points l'action produite par l'ensemble des forces qui agissent sur la ferme correspondante.

586. Nous avons vu aux numéros 562 et 565 comment on peut obtenir la valeur des forces horizontales qui tendent à écarter les pieds des arbalétriers.

Toutes ces forces, égales entre elles, agissent perpendiculairement à la circonférence de la couronne, et par conséquent suivant la direction de la bissectrice de l'angle formé par les deux sablières qui aboutissent au pied de l'arbalétrier correspondant.

Or la force horizontale F qui tend à faire glisser le pied de l'arbalétrier SC (*fig. 19*) a pour composantes les deux orces horizontales F_1 qui agissent par traction sur les sablières CB ; mais le triangle CFF_1 donne la proportion

$$CF_1 : CF = sin.\ CFF_1 : sin.\ CF_1F ;$$

donc, en exprimant par F_1 et par F les deux forces CF_1 et

CF, et remarquant que l'angle CF_1F est le supplément de BCB, que nous exprimerons par 2α, la proportion ci-dessus deviendra

$$F_1 : F = sin.\ \alpha : sin.\ 2\alpha, \qquad \text{d'où}$$

$$F_1 = F \cdot \frac{sin.\ \alpha}{sin.\ 2\alpha} = F \cdot \frac{sin.\ \alpha}{2\ sin.\ \alpha\ cos.\ \alpha} = \frac{F}{2\ .\ cos.\ \alpha},$$

qui est l'expression de la force qui tend à briser l'assemblage des sablières BC.

Ainsi, la question est réduite à trouver pour *cet assemblage* un moyen de réunion capable de résister à la force qui tend à les séparer.

587. Dans les grands dômes, les couronnes qui remplacent les sablières sont souvent des pans de bois composés formés de fermes triangulaires couchées horizontalement sur la surface supérieure des murs.

Les pieds des arbalétriers du comble sont assemblés dans des blochets dirigés vers le centre, et la force horizontale qui tend à faire glisser le pied de chaque arbalétrier se décompose suivant les côtés adjacents du polygone inscrit.

588. Ainsi la sablière du comble dont une moitié est projetée en M sur la *fig.* 19 se compose de deux hexagones réguliers, croisés de manière que les sommets de l'un de ces polygones correspondent au milieu des arcs sous-tendus par les côtés du second.

Les forces horizontales qui agissent au pied de chaque arbalétrier se décomposent alors suivant les côtés adjacents de l'hexagone dont ce pied occupe l'un des sommets.

589. On peut augmenter la stabilité en rattachant les

sommets des deux hexagones par des pièces droites *mn*, *nu*
qui sont les côtés d'un dodécagone régulier ; de sorte
que la sablière serait un polygone composé d'autant de
côtés qu'il y a d'arbalétriers dans le comble.

590. La *fig.* 18 est une partie de la grande sablière dans
laquelle sont assemblés les pieds des arbalétriers de toutes
les fermes qui composent le dôme des Invalides. Cette
figure étant une coupe par un plan horizontal situé un
peu au-dessus de la sablière, les parties indiquées par des
hachures sont les pieds des arbalétriers.

Les demi-fermes désignées sur la figure par la lettre C
se composent chacune de six arbalétriers moisés par les
pièces latérales *m,m*, dont on peut voir la disposition sur
la *fig.* 23, *pl.* 30 du *Traité de charpente*. Ces demi-grandes
fermes, au nombre de douze, supportent les grandes en-
rayures de la lanterne. Vingt-quatre autres demi-fermes
plus petites, formées chacune de trois arbalétriers, et désignées sur la figure par la lettre *u*, sont placées deux à
deux entre les fermes principales C.

591. Ainsi, le comble entier contient trente-six demi-
fermes, savoir : douze grandes désignées par la lettre C et
vingt-quatre petites indiquées sur la figure par la lettre *u*.

592. La différence de grandeur de ces fermes est motivée
par la nécessité de ne pas encombrer de bois la partie supérieure du dôme et les vingt-quatre petites fermes
aboutissant à une enrayure située à peu près aux deux
tiers de la hauteur du comble ; il n'était pas nécessaire
qu'elles eussent autant de force que les grandes fermes qui
sont prolongées jusqu'aux poteaux de la lanterne dont
elles doivent supporter tout le poids.

Les demi-fermes secondaires portent les chevrons et la

couverture; c'est pourquoi elles sont également espacées entre elles et ne partagent pas, en parties égales, l'espace compris entre les grandes fermes.

593. On peut voir (*Traité de charpente*) la disposition des chevrons et des liernes. Toutes ces pièces, composées de bois cintrés suivant la courbure du dôme, contribuent très-peu à la stabilité, qui dépend surtout des grands arbalétriers et de la couronne ou grande sablière qui en relie tous les pieds.

594. Si l'on jette un coup d'œil sur la *fig.* 18 de la *Pl.* 45, on reconnaîtra que l'ensemble de toutes les pièces de bois qui composent cette sablière, forment une suite de fermes triangulaires, couchées à plat sur la surface supérieure du mur circulaire qui supporte le dôme.

595. Ces fermes ont pour tirants les arcs correspondants des deux couronnes. Or, les blochets des grandes fermes du dôme sont les poinçons des triangles horizontaux qui ont pour tirants les arcs de la couronne extérieure; il s'ensuit que la poussée au vide, qui a lieu au pied de chaque ferme, se décompose en deux forces qui agissent par *compression* sur les pièces diagonales adjacentes, tandis que si les blochets des fermes principales coïncidaient avec les poinçons des triangles, dont les bases font partie de la couronne intérieure, la poussée au vide se décomposerait en deux forces, qui agiraient par *tractions* sur les côtés obliques de ces mêmes triangles.

Or tous les constructeurs savent très-bien qu'une pièce de bois résiste mieux à la traction qu'à la compression.

596. De plus, les forces suivant lesquelles se décompose l'action des fermes principales C, agissant par compression sur les côtés des triangles, dont les blochets

de ces fermes sont les poinçons, se composent en d'autres forces, qui agissent suivant les rayons qui aboutissent aux points S de la couronne, de sorte que la poussée agit sur les points S perpendiculairement à la circonférence de la couronne extérieure, au lieu d'agir, comme cela devrait être, dans le plan vertical CK, qui contient les contre-forts situés au-dessous de la grande corniche.

597. D'ailleurs, par le principe du n° 586, les forces qui agissent sur les points S se décomposent elles-mêmes suivant les côtés du polygone régulier inscrit. Mais ces dernières composantes seront d'autant plus énergiques, que l'angle formé par les côtés de ce polygone sera plus obtus; il est donc nécessaire, dans les grands combles, que les pièces qui remplacent les côtés de ce polygone, soient capables de résister à une force de traction considérable, ce qui est incompatible avec leur courbure.

598. On pourrait dire que les côtés obliques de chaque triangle, reliés avec la base par les blochets des fermes secondaires, forment une figure qui possède jusqu'à un certain point le caractère d'un *solide de plus grande résistance*. Cette observation serait exacte si la couronne extérieure devait résister à une force dirigée suivant le rayon CK, mais cela n'est pas applicable au cas actuel, puisque les poussées horizontales agissent sur les points S, où elles se décomposent en forces de *traction* suivant la direction des pièces courbes qui forment le contour extérieur de la sablière; c'est pourquoi il aurait été plus convenable (*fig.* 25) de remplacer ces courbes par des pièces droites *vv*, placées entre les blochets des fermes principales.

599. Ces pièces comprises entièrement dans l'espace qui sépare les surfaces extérieure et intérieure du dôme,

n'auraient présenté aucun obstacle à la décoration architecturale, puisque l'on aurait toujours pu déterminer la courbure des deux surfaces par des couronnes auxiliaires, destinées à recevoir les pieds des chevrons.

Malgré les défauts que je viens de signaler dans la composition de la grande sablière du dôme des Invalides, le monument est dans de bonnes conditions de stabilité : d'abord :

600. Parce que sa forme surhaussée a permis à l'architecte de placer les arbalétriers, qui soutiennent la grande enrayure, dans une position presque verticale, ce qui diminue beaucoup la poussée au vide, comme nous l'avons vu au n° 578.

601. Ensuite parce que l'épaisseur et le poids du mur d'enceinte et des contre-forts qui sont au-dessous de la grande corniche, suffisent pour combattre la poussée qui a lieu au pied de chaque ferme.

602. Mais il serait très-imprudent d'adopter les mêmes combinaisons dans la construction d'un comble sans tirants et très-surbaissé.

603. La poussée horizontale qui a lieu au pied des arbalétriers d'un comble circulaire ou pyramidal, se décomposant toujours suivant les côtés du polygone qui aurait ces points pour sommets, il est évident que les pièces principales de la sablière doivent former un polygone, dont le nombre des côtés est égal au nombre des sommets, et par conséquent au nombre des fermes.

604. La *fig*. 25 fera comprendre comment on peut disposer les pièces qui composent les sablières des grands combles.

605. Lorsque ces pièces v,v seront liées entre elles avec une grande solidité, la disposition, qui est indiquée sur la figure par la lettre A, suffira presque toujours, puisque toutes les poussées horizontales se décomposent suivant les côtés du polygone, qui a pour sommets les pieds des arbalétriers des fermes.

606. Si l'on veut placer une ferme intermédiaire B, on ajoutera des diagonales u,u, dirigées autant que possible dans le prolongement des pièces v,v, afin que la poussée horizontale de la ferme B agisse par traction sur ces dernières pièces ;

607. Ou bien on pourra, comme on le voit sur la partie de la figure qui est désignée par la lettre C, remplacer les deux pièces droites v,v par d'autres pièces plus courtes, solidement reliées avec le blochet dans lequel sont assemblés les pieds des arbalétriers de la ferme C, de sorte que les polygones formés par les sablières auront autant de côtés qu'il y a de demi-fermes dans le comble.

608. Enfin, pour plus de sécurité, on peut établir des croix de Saint-André dans les quadrilatères formés par les blochets des fermes et les côtés des deux polygones concentriques.

609. De tout ce qui précède, il résulte :

1° *Que les conditions de stabilité des combles circulaires sont les mêmes que pour les combles polygonaux, dont la base aurait pour sommets les pieds des arbalétriers des fermes principales.*

2° *Que toutes les considérations sur la force et la direction des pièces de bois qui composent un comble seront inutiles, si les différentes parties du polygone formé par les sablières*

ne sont pas liées entre elles d'une manière **indestructible,**
*surtout vers les points où aboutissent les arbalétriers des
fermes.*

3° *Que c'est par conséquent vers ces points que doit se
porter toute l'attention du constructeur.*

610. Pour mieux fixer les idées sur les principes précédents, nous allons en faire l'application à un exemple
particulier, et nous prendrons pour sujet de cette étude
le comble si remarquable que M. Dupré, l'un de nos plus
habiles charpentiers, vient d'exécuter sous la direction de
M. Hitorf, l'architecte du cirque Napoléon.

Quoique ce monument ait une forme prismatique, le
grand nombre de ses faces m'a déterminé à le placer parmi
les études de combles coniques, les principes pour la construction de ces sortes de voûtes, étant absolument les
mêmes que pour les combles pyramidaux.

611. Avant d'aller plus loin, je dois remercier M. Dupré
de l'extrême bienveillance avec laquelle il s'est empressé de
mettre à ma disposition tous les dessins et calculs relatifs
à la solution du problème qu'il s'agissait de résoudre.

612. La *fig.* 24, construite à l'échelle de $0^m,0025$ est la
projection horizontale du monument qui forme un prisme
régulier de vingt côtés.

613. Le diamètre pris en dehors des murs est de
$41^m,06$.

614. L'épaisseur du mur d'enceinte est seulement égale
à $0^m,55$, mais cette épaisseur est fortifié à chaque angle
par deux colonnes engagées comme on le voit par la
fig. 16.

615. La colonne extérieure a pour rayon 43 centimètres,
et son axe coïncide avec l'intersection des plans verticaux

qui forment le parement extérieur des murs; la colonne intérieure a pour rayon 25 centimètres, et son axe est situé à la rencontre des plans qui forment les faces intérieures du monument. Le polygone ayant vingt faces, il s'ensuit que chacun de ses angles ACB est de 162 degrés; l'angle OCB vaut par conséquent 81 degrés, et la distance OC des axes des deux colonnes est égale à $0^m,56$.

616. La distance $KH = KC + CO + OH$ est donc égale à $0,43 + 0,56 + 0,24 = 1^m,23$.

617. La *fig.* 24 est partagée en quatre parties égales A, B, C, D, par les deux diamètres *mn*, *vu*.

618. Les parties A et B contiennent les projections de la couverture et des arbalétriers compris dans les angles *mov*, *von*.

619. La partie C est une section par le plan horizontal P (*fig.* 22 et 23), et la partie D est la coupe par le plan horizontal P_1

620. La teinte qui couvre une partie de la *fig.* 24 est l'espace occupé par l'amphithéâtre, et le cercle indiqué par des hachures plus foncées est le manége.

621. Les *fig.* 22 et 23, construites à l'échelle de $0^m,005$, donneront une idée suffisamment exacte de l'ensemble du monument. La *fig.* 23 représente l'extérieur, et la *fig.* 22, provenant de la section par un plan méridien, fera comprendre la disposition intérieure.

J'ai dû me borner à la projection des masses, et négliger les détails de l'ornementation architecturale qui n'auraient pas offert dans l'ouvrage actuel, le même intérêt que dans un recueil consacré à des publications artistiques.

622. Les *fig.* 22 et 23 ne représentent que la partie su-

périeure de l'édifice, dont la hauteur totale, à compter depuis le sol jusqu'au point le plus élevé de la lanterne, est de 28^m,60, qui se décompose de la manière suivante :

Hauteur des murs.	16^m
Hauteur ED du grand comblé.	8
Poteau de la lanterne.	3
Comble de la lanterne.	1,60
Total.	28,60

623. La largeur de la lanterne = 6^m,60, dont la moitié est par conséquent égale à 3^m,30, et le diamètre intérieur du monument étant de 40^m, dont la moitié est 20 mètres. Si l'on en retranche la demi-largeur 3^m,30 de la lanterne, il reste 16^m,70 pour la projection horizontale de l'arbalétrier.

624. Ainsi chacune des arêtes intérieures du monument est l'hypoténuse d'un triangle rectangle, dont la base est 16^m,70 et la hauteur 8^m, ce qui donne pour l'inclinaison de cette arête un angle d'environ 25°.

625. Le comble devant former plafond, il ne devait y avoir aucun point d'appui dans l'intérieur de la salle, et le tout devait reposer sur le mur d'enceinte. De plus, l'emplacement ne permettant pas d'établir des contre-forts au moyen de constructions extérieures, il fallait que **la poussée au vide fût entièrement détruite**. Mais la grande ouverture de l'angle au sommet de chaque ferme rendant cette poussée considérable, la question à résoudre présentait de sérieuses difficultés ; et la couronne destinée à remplacer les tirants des dix fermes dont se compose le comble, devait, par conséquent, être étudiée avec le plus grand soin.

Nous allons voir comment le problème a été résolu.

626. Les conditions principales auxquelles il fallait satisfaire sont au nombre de trois :

1° *Empêcher les arbalétriers de ployer ;*

2° *Relier les sablières assez solidement pour former autour de l'édifice une ceinture capable de détruire toutes les poussées au vide qui agissent aux pieds des vingt arbalétriers ;*

3° *Donner au mur de l'enceinte une épaisseur suffisante pour résister à la force verticale provenant du poids total de la charpente du comble et des matériaux qui en forment la couverture.*

627. La première de ces trois conditions est évidemment remplie par les six croix de Saint-André qui relient entre eux les doubles arbalétriers des grandes fermes du comble.

Ces croix sont figurées en projection sur les *fig.* 22 , 14 et 1 , et en perspective sur la *fig.* 5.

628. Chacun des deux arbalétriers est formé de trois parties reliées entre elles , comme on le voit sur la *fig.* 5.

629. Les poutres A , qui forment les parties latérales de chaque arbalétrier, sont chacune d'une seule pièce , et leur longueur (18 mètres) est égale à la distance qui sépare leur pied C du point E , où elles s'assemblent avec les poteaux verticaux de la lanterne (*fig.* 13).

630. L'espace compris entre les deux pièces dont nous venons de parler, est rempli alternativement (*fig.* 5) par les bras H et K des croix de Saint-André , et par les pièces G qui forment fourrure, et qui augmentent, par conséquent, la force des arbalétriers là où il n'existe pas de croix de Saint-André.

631. Les grandes pièces A formant les parties prin-

cipales de chaque arbalétrier, les fourrures G et les bras
H et K des croix de Saint-André sont fortement reliés par
les moises M et par le lien L, perpendiculaires à l'arbalétrier intérieur de chaque ferme, de sorte que chaque
moitié de ferme est évidemment composée de deux arbalétriers situés l'un en dessus de l'autre, et dont la flexion
est rendue impossible par la décomposition en triangles
des quadrilatères qui contiennent les croix de Saint-
André (12).

632. La grande inclinaison du comble explique pourquoi les deux sablières S et U (*fig.* 1) sont placées l'une
au-dessus de l'autre ; car le peu d'épaisseur des murs dans
le cas actuel, ne permettrait pas d'établir une plate-forme
horizontale comme les couronnes et sablières des grands
dômes (*fig.* 18 et 25), et l'on conçoit d'ailleurs qu'il serait
impossible d'assembler les pieds des arbalétriers dans des
blochets horizontaux.

633. La première partie du problème étant résolue, il
s'agissait de satisfaire à la condition la plus importante,
qui consiste à détruire complétement la poussée de ces immenses fermes sans tirants.

On conçoit que cela aurait été absolument impossible,
s'il se fût agit de couvrir un bâtiment rectangulaire, où
du moins on n'aurait pu y parvenir qu'en plaçant à l'extérieur, et au droit de chaque ferme, des contre-forts
d'une très-grande puissance ; mais les localités et la disposition architecturale du monument, ne permettant pas
d'établir ces contre-forts extérieurs, il a fallu employer
d'autres moyens.

634. Dans tout ce qui va suivre, nous donnerons le
nom d'arbalétrier à chacune des demi-fermes du comble,

quoique cette demi-ferme se compose effectivement de deux arbalétriers superposés.

Cela étant admis, et la rigidité de l'arbalétrier étant la conséquence des croix de Saint-André, qui en relient les deux pièces principales, nous pouvons faire abstraction de la dimension perpendiculaire à la surface intérieure du comble, et considérer chaque arbalétrier comme s'il était réduit à la droite qui joint le point E, situé au-dessous du poteau de la lanterne avec le pied C de l'arbalétrier.

635. Avant de rechercher comment il était possible de détruire la poussée au. vide qui a lieu au pied de chaque arbalétrier, il fallait connaître bien exactement l'intensité de cette force, et la première chose à faire pour atteindre ce but était de calculer la force totale agissant sur chacune des demi-fermes et le moment de cette résultante (569).

En effet, une assez grande partie de ce poids provient de la lanterne, et la force verticale qui agit sur chacun des autres points de l'arbalétrier, dépend de la largeur de la partie de couverture située à la hauteur de ce point, et du poids des croix de Saint-André correspondantes, de sorte que les arbalétriers ne sont pas également chargés dans toutes les parties de leur longueur : ainsi, les poids assez considérables des pièces de charpente de la lanterne, du lustre, de la machine et des hommes de service, se composent en une résultante, dont la direction coïncide avec l'axe du poinçon, tandis que la couverture étant formée de faces triangulaires, le centre de gravité de chacune de ces faces, et par conséquent le centre de gravité de la couverture entière est situé au tiers de la hauteur, à partir des sablières.

636. Chaque arbalétrier supporte exactement la vingtième partie du comble, ce qui devient évident lorsque

l'on regarde la *fig.* 21 ; car indépendamment des pièces de charpente qui entrent dans sa composition, la demi-ferme SC portera tous les matériaux qui forment la partie du comble figurée par le quadrilatère SBCD. Or la somme des deux triangles rectangles SBC, SCD qui composent ce quadrilatère, est évidemment égale au triangle isocèle SCC' qui forme la vingtième partie du comble entier, d'où il résulte que la force verticale qui agit sur chaque arbalé-trier est égale au poids de toutes les pièces de charpente qui entrent dans sa composition, auxquelles il faut ajou-ter les croix de Saint-André, les pannes et les chevrons d'un pan de bois triangulaire SCC' (*fig.* 20), puis enfin les voliges et feuilles de zinc qui forment la partie de couver-ture correspondante.

637. Pour calculer la poussée horizontale qui agit aux extrémités C, E de l'arbalétrier, M. Dupré a employé le principe exposé au n° 569.

638. Je ne donnerai pas ici tous les calculs effectués par cet habile constructeur, mais pour mieux faire com-prendre de quelle manière on doit agir en pareille circon-stance, je mettrai sous les yeux du lecteur quelques-unes des opérations particulières.

639. Prenons, par exemple, celle qui a pour but d'ob-tenir le moment statique de l'arbalétrier inférieur de la demi-ferme (*fig.* 14), nous aurons :

	Mètres.
Longueur de l'arbalétrier.	18.20
Largeur.	0.20
Épaisseur.	0.25
Volume en *mètres cubes*.	0.91

Volume en *décimètres cubes*.	910
Pesanteur spécifique du *sapin*.	0.600
Poids de l'arbalétrier.	546^k
Distance du centre de gravité à la verticale CY.	6^m
Moment par rapport au point C .	3 276

DEUXIÈME EXEMPLE. — *Poteau de la lanterne.*

	Mètres.
Longueur du poteau.	3.40
Largeur.	0.20
Épaisseur.	0.18
Volume en *mètres cubes*.	0.122

Volume en *décimètres cubes*.	122
Pesanteur spécifique du *chêne*.	1.000
Poids du poteau.	122^k
Distance à la verticale CY.	16^m.6
Moment par rapport au point C	2 025

TROISIÈME EXEMPLE. — *Lanterne.*

Poids du poinçon.	250^k
— du lustre.	1 500
— de la machine.	300
Hommes de service.	420
Imprévu.	500
Poids total.	2 970^k

Pour chaque arbalétrier 1/20. . . .	148,5
Distance à la verticale CY.	20
Moment par rapport au point C	2 970

640. Ces trois exemples suffisent pour faire comprendre comment on peut obtenir le moment par rapport à un point, de chacune des pièces de bois, de fer, de zinc, etc., qui entrent dans la composition d'un comble ; et l'on sait, par les principes de la statique, que la somme de tous ces moments donnera le moment total ou résultant.

641. C'est ainsi que M. Duprez a opéré pour obtenir le moment, par rapport au point C, de toutes les forces qui agissent sur chacune des vingt demi-fermes du comble que nous étudions, et les résultats de tous ses calculs peuvent être résumés de la manière suivante :

	Moments par rapport au point C.
1° Charpente de la lanterne, couverture, remplissage en plâtre, lustre, machine et poids des hommes de manœuvre, action de la neige et du vent. Le *vingtième*	20 931^k
2° Charpentes de l'un des doubles arêtiers assemblés dans les poteaux de la lanterne, moises, ferrures et croix de Saint-André. Pan de bois pour un vingtième du comble, volige, chevron, couverture en zinc et action de la neige et du vent. . .	52 998
Moment de la vingtième partie du comble par rapport au point C.	73 929

642. Le moment résultant de toutes les forces qui agissent sur l'un des arbalétriers étant obtenu, il devenait facile de connaître la poussée horizontale qui a lieu à chacune de ses deux extrémités C, E. Il suffisait, suivant le principe exposé au n° 569, de diviser le moment total par la hauteur du point E au-dessus de l'horizontale du point C.

Mais cette hauteur étant égale à 8 mètres, on obtient $\frac{73\,929^k}{8} = 9\,241^k$, ou approximativement, 9 250 *kilo-grammes* pour la poussée horizontale qui a lieu au pied C de l'arbalétrier, et qui, par conséquent, dans une ferme ordinaire, agirait sur le tirant.

643. On se demandera sans doute comment, malgré l'absence de cette pièce si importante, le comble dont il s'agit ici peut être maintenu en équilibre avec des murs tels que ceux qui sont indiqués en plan sur la *fig.* 24.

En effet, il résulte du calcul précédent que chacun des vingt sommets du polygone est poussé en dehors par une force égale à 9 250 kilogrammes, mais chacune de ces forces coïncidant avec la bissectrice de l'angle correspondant, se décompose, comme nous l'avons dit au n° 586, en deux forces qui agissent par traction, suivant la direction des sablières adjacentes, et si l'on peut parvenir à lier entre elles toutes ces sablières d'une manière indestructible, *la poussée au vide qui agissait sur les murs sera complétement détruite.*

Or par le principe que nous venons de citer, la force F qui agit au point C, suivant la bissectrice de l'angle BCB (*fig.* 19), a pour composante les deux forces F_1 égales chacune à $\frac{F}{2\,.\,\cos\alpha}$; mais dans le cas actuel, l'angle BCB étant égal à 162 degrés, l'angle α moitié de BCB = 81 degrés, et la force F_1 qui agit par traction sur les sablières, est égale à $\frac{F}{2\,.\,\cos\alpha} = \frac{9\,250}{2\,.\,\cos 81°} = 29\,565$ kilogrammes.

644. Ainsi chacune des sablières sera tirée dans le sens de sa longueur par une force égale à 29 565 kilogrammes. Or la sablière S (*fig.* 1) a pour dimensions 0^m,25 sur 0^m,20, ce qui donne pour section 0^{mq},05 = 50 000 millimètres carrés; mais chaque millimètre carré de chêne peut facilement résister à une traction de 1 kilogramme, ce qui donnera, par conséquent, 50 000 kilogrammes pour la résistance de la sablière S dans le sens de ses fibres.

645. Cette force, suffisante pour détruire les 29 565 kilogrammes de traction provenant de la poussée de l'arbalétrier, serait sans aucune valeur si toutes les sablières qui forment la couronne n'étaient pas liées entre elles d'une manière en quelque sorte indestructible; et nous avons déjà dit plusieurs fois que c'est principalement dans cet assemblage que consiste toute la difficulté de la question.

646. Les moyens employés pour résoudre cette partie du problème sont de plusieurs sortes.

647. Pour ne pas affaiblir les sablières par des coupes qui auraient nécessairement diminué leur équarrissage, on s'est contenté de les rapprocher bout à bout, comme on peut le voir sur les *fig.* 6 et 7, en taillant les extrémités de ces deux pièces en biseau, suivant l'angle du polygone dont elles doivent former les côtés, puis on a doublé cette partie de la couronne par une pièce de chêne T, qui est représentée en perspective sur la *fig.* 7, et en projection sur les *fig.* 4 et 6.

648. Les deux sablières S,S et la doublure en chêne T, ont été réunies par quatre boulons, dont on voit la disposition sur les *fig.* 4, 6 et 7, de sorte que les deux sablières se

sont trouvées reliées en dessous par la pièce de chêne dont
nous venons de parler, et en dessus par une pièce coudée
en fer V, solidement fixée sur les sablières par des vis d'un
très-fort échantillon.

649. Les vingt sablières réunies bout à bout au moyen
de l'assemblage qui vient d'être décrit, ont formé une
première couronne ou polygone en bois de chêne de
500 centimètres carrés de section.

Cette couronne, désignée par la lettre S sur les *fig.* 1, 2,
4, 6, 7 et 9, a reçu les pieds des vingt arbalétriers. La
disposition de cet assemblage est suffisamment décrite par
les projections 1, 2 et 4, et par la perspective *fig.* 9.

650. Au nombre des moyens employés pour réunir les
vingt sablières qui forment la grande couronne, il faut
ajouter deux ceintures de fer B projetées sur les *fig.* 1,
2 et 4, et représentées en perspective par les *fig.* 9, 10,
11 et 12.

Ces trois dernières figures feront facilement comprendre
le mode d'assemblage employé pour réunir les vingt
barres de fer qui composent chacune de ces deux ceintures;
ainsi, la *fig.* 10 contient les barres séparées B.

La *fig.* 11 représente la pièce coudée R destinée à les
attacher, et la *fig.* 12 fait voir comment toutes ces pièces
ont été réunies.

651. Indépendamment des deux ceintures de fer et du
polygone en chêne formé par l'ensemble des sablières S, il
existe encore un second polygone formé par les sablières,
qui sont désignées par la lettre U sur les *fig.* 1, 2 et 8.

652. Ces pièces, dont l'équarrissage est de 450 centimètres carrés, sont liées par les barres coudées I, et sont

d'ailleurs peu exposées à la pression qui, par l'intermédiaire des pièces K des croix de Saint-André, agit presque tout entière sur les arbalétriers inférieurs A.

653.. Ainsi, en résumant, les moyens employés pour détruire toutes les poussées au vide qui agissent aux pieds des arbalétriers du comble, sont :

1° La grande couronne en chêne formée par les vingt sablières S reliées à chaque angle (*fig.* 6 et 7) par la pièce de chêne T, par la barre coudée en fer plat V, et par les boulons et les vis projetées sur les *fig.* 2 et 4.

2° Les deux ceintures en fer B projetées sur les *fig.* 1, 2, 4 et 9.

3° La couronne ou polygone formé par les sablières U (*fig.* 1 et 8) et les barres coudées 1.

654. Nous allons calculer la somme des résistances produites par la réunion de toutes ces pièces.

655. Les bandes de fer B qui composent les deux ceintures, représentées en projection et en perspective sur les *fig.* 2, 9, 10, 11 et 12, ont chacune 11 centimètres de hauteur sur 2 centimètres d'épaisseur, ce qui donne pour section transversale 22 centimètres carrés = 2 200 millimètres carrés. Or, en comptant suivant l'usage 10 kilogrammes de force pour chaque millimètre carré de section, on aura pour chaque bande 22 000 kilogrammes, et pour les deux 44 000 kilogrammes.

656. La pièce de chêne T (*fig.* 6 et 7) qui forme en quelque sorte l'assemblage des sablières S, avec lesquelles elle est fortement reliée par les quatre boulons et la bande de fer coudée V, peut être considérée comme faisant partie

de la grande couronne ou polygone de chêne qui reçoit les pieds de tous les arbalétriers.

Or, la pièce T a 14 sur 28 centimètres d'équarrissage dans le plan vertical P_1 (*fig.* 4), ce qui donne une section transversale de 392 centimètres carrés ou 39 200 millimètres carrés.

657. Chacune des sablières S a pour dimensions 20 sur 25 centimètres, ce qui donne pour section transversale 500 centimètres carrés = 50 000 millimètres carrés.

658. Par conséquent, si l'on coupe la couronne par un plan vertical dirigé suivant la bissectrice de l'un de ses angles, on obtiendra pour section 39 200 millimètres carrés, et si l'on fait la section perpendiculairement à l'une des sablières, on aura 50 000 centimètres carrés.

Prenons le plus petit de ces deux nombres, et admettant, comme nous l'avons déjà dit (668), qu'une pièce de chêne peut résister avec sécurité à une traction de 1 kilogramme par millimètre carré, nous aurons 39 200 kilogrammes pour la force de résistance de la grande couronne.

659. On pourra objecter que toute la force de traction agira sur les boulons qui traversent les pièces S, et la barre de fer coudée placée au-dessus des sablières : or, dans ce cas (*fig.* 1 et 2) toute l'action aura lieu dans le plan horizontal P_2 qui sépare les sablières S de la pièce T, mais on sait, par les expériences les plus récentes (Morin), que la résistance des boulons à l'arrachement par *glissement* ou par *cisaillement*, est proportionnelle à l'aire de la section transversale du boulon, et que cette résistance est à peu près la même que celle d'une barre de même section

exposée à une traction longitudinale ; or le diamètre de
chaque boulon étant $0^m,027$, on aura pour section transversale 572 millimètres carrés, et pour les quatre boulons 2 289 millimètres carrés, la barre coudée en fer plat
qui est au-dessus des sablières a pour dimensions $0^m,08$ sur
$0^m,02$, ce qui donne 1 600 millimètres carrés qui, ajoutés
avec le nombre précédent, feraient $2\,289 + 1\,600 = 3\,889$
millimètres carrés. Or, en comptant comme précédemment 1 kilogramme par millimètre carré, on aura une
force de 38 890 kilogrammes.

660. Par conséquent, si l'on estime la force de la couronne par la section transversale du bois (682), on aura
39 200 kilogrammes, et si l'on préfère compter sur la force
des quatre boulons et de la barre coudée en fer plat V, on
aura une force de 38 890 kilogrammes ; on pourra donc
compter 38 000 kilogrammes pour la force de traction estimée suivant la circonférence de la grande couronne formée
par les sablières S.

661. Ainsi nous avons pour la couronne
de chêne. . . . .   38 000 kil.
    Pour les deux ceintures de fer. 44 000
    Ajoutons 10 000 kilogrammes pour la cou-
ronne formée par les sablières U (*fig.* 1 et 8).   10 000
                              Total. . . . . .   92 000 kil.

On aura donc une puissance de 92 000 kilogrammes
pour résister à la force de 29 565 kilogrammes qui agit par
traction dans la direction des sablières.

662. Cette force sera encore augmentée par la résis-

tance que les matériaux, qui composent les deux latis et
la couverture, oppose à l'affaissement du comble; car il
est évident que cet affaissement, qui équivaudrait à un
développement de la surface conique, ne pourrait avoir
lieu que par un déchirement de cette surface.

663. Enfin, si l'on pouvait supposer que, malgré toutes
les précautions que nous venons d'indiquer, il pût encore
exister une faible poussée horizontale; il est évident que
cette force ne pourrait renverser le pied-droit angulaire
fortifié par les deux colonnes engagées (*fig.* 13) qu'autant
que cette partie de la construction serait isolée. Mais l'en-
chevêtrement des pierres, et la force provenant de la cohé-
sion des mortiers qui remplissent leurs joints, autorisent
à considérer la zone de maçonnerie comprise entre le ban-
deau supérieure des fenêtres et le plan de naissance de la
surface supérieure du comble *fig.* 23 comme formant une
dernière ceinture en pierres, dont la force estimée suivant
la direction des murs, peut être ajoutée à toutes celles
que nous avons déjà obtenues.

664. On ne doit pas oublier, d'ailleurs, que, dans toutes
les évaluations précédentes, nous n'avons eu égard qu'à
la force de résistance que l'on peut attribuer aux matériaux avec **sécurité**, et l'on sait que cette force n'est environ que la *dixième* partie de celle qui serait nécessaire
pour déterminer la rupture, d'où il résulte que la limite
de résistance provenant de la réunion de toutes les ceintures de bois, de fer et de pierres qui s'opposent à la poussée des arbalétriers, serait égale au moins à dix fois
92 000 kilogrammes, c'est-à-dire à 920 000 kilogrammes,
tandis que la force de traction agissant dans la direction des sablières, est seulement égale à 29 565 kilogrammes.

665. Pour connaître quelle est la force qui agit par compression sur le pied de l'arbalétrier inférieur, on décomposera la poussée horizontale F (*fig.* 22) suivant les deux forces F_1 et F_2, la première, verticale, agit sur le mur, et la seconde,

$$F_2 = \frac{F}{cos\,FCF_2} = \frac{9\,250^k}{cos\,25\;degrés} = 10\,205\;kilogrammes\,,$$

exprime la force qui agit par compression sur le pied de l'arbalétrier. Or la section transversale de cette pièce est égale à $20^c \times 30^c = 600$ centimètres carrés, ce qui donne à peu près 17 kilogrammes par centimètre carré de section.

Mais le sapin peut supporter avec sécurité 40 kilogrammes de pression parallèlement à la direction des fibres, et l'écrasement exigerait une force de 400 kilogrammes.

666. Si l'on a bien compris comment le constructeur habile du comble que nous venons d'étudier est parvenu à détruire complétement la poussée au vide, on ne sera plus aussi étonné de la faiblesse apparente des murs qui forment les seuls points d'appui de ces immenses fermes sans tirants.

En effet, par la liaison des sablières et des matériaux qui forment la couverture, le tout ne forme plus qu'un cône très-évasé, que l'on aurait simplement posé sur les murs comme le couvercle d'une boîte. Les murs n'ont alors à résister à **aucune poussée horizontale,**
total du comble étant réparti également sur toute l'étendue de la couronne formée par les sablières, il suffit que le mur d'enceinte ait, en chacun de ses points, la force nécessaire pour résister à la pression verticale qui lui correspond.

6ß7. Or le poids total de la charpente du comble et de la couverture est estimé par M. Duprez à. . . . . 193 460 kil.

Le poids de la maçonnerie comprise entre les fenêtres et la naissance du comble est de. 1 548 000

Total. . . . . . 1 741 460 kil.

Mais la section faite au milieu de la hauteur des fenêtres par le plan horizontal P donne ; pour la somme des parties coupées, une surface de $37^{mq},62 = 376\,200$ centimètres carrés. La pierre ferme de Conflans, employée à Paris, peut être chargée avec sécurité de 9 kilogrammes par centimètre carré ; ainsi on aura une force de $376\,200 \times 9^{k} = 3\,385\,800$ kilogrammes pour résister au poids de 1 741 460 kilogrammes provenant du comble et de la maçonnerie qui est au-dessus des fenêtres.

---

668. **Pièces de bois à double courbure.** L'exécution des constructions en charpente se compose de deux parties bien distinctes, savoir :

1º *L'étude complète du projet ;*

2º *L'exécution de toutes les parties de l'édifice.*

669. La série des opérations nécessaires pour exécuter un édifice en charpente peut être énoncée ainsi :

1º Étudier le projet sous le rapport de la distribution architecturale, et faire un dessin d'ensemble sur lequel chaque pièce sera projetée et cotée provisoirement, suivant les dimensions qu'elle doit avoir en exécution.

2º Discuter le projet précédent, et s'assurer qu'il satisfait à toutes les conditions d'équilibre et de stabilité exigées par le but auquel l'édifice est destiné. Cette seconde étude pourra motiver des changements dans l'équarrissage ou dans la direction de quelques-unes des pièces indiquées sur le dessin précédent.

3⁰ Quand les directions et grosseurs de toutes les pièces seront déterminées, on recherchera quel est le genre d'assemblage qui convient le mieux pour chaque pièce, et l'on fera les épures relatives à cette partie de la question.

4° On fera également les épures pour les pièces de bois dont la forme plus ou moins contournée exigera des études particulières.

5° Enfin, on procédera aux opérations nécessaires pour tracer et tailler les pièces de bois et leurs assemblages.

670. Lorsqu'il s'agit de bois droits et de quelques courbes planes, une grande partie des lignes d'assemblage peut être tracée directement sur le chantier, sans qu'il soit nécessaire de les établir sur les épures; mais il n'en est pas de même des *courbes à double courbure*, et l'on ne peut obtenir, dans l'exécution de ces dernières pièces, un résultat exact et facile à vérifier, qu'en déterminant avec le plus grand soin *sur les épures* toutes les lignes qui doivent être tracées sur le bois.

671. L'étude des méthodes qu'il faut employer dans ce cas, n'est pas seulement utile aux charpentiers, elle est encore nécessaire aux menuisiers en bâtiments, pour la construction des escaliers, aux fabricants de meubles, et surtout aux ouvriers en fauteuils, aux constructeurs de modèles pour les fondeurs et les mécaniciens, etc.

672. Pour fixer les idées, nous supposerons (*Pl.* **46**) qu'il s'agit d'exécuter une pièce courbe, dont les faces appartien-

draient à quatre cylindres circulaires, concentriques deux
à deux, savoir : les deux cylindres verticaux qui ont pour
axe commun la droite OO′ (*fig.* 7 et 9), et pour sections
droites directrices les circonférences BB,CC (*fig.* 9), et les
deux cylindres inclinés, dont l'axe commun, parallèle au
plan vertical de projection, est projeté sur ce plan par la
droite U′U′, et sur le plan horizontal par UU. Les sections
droites directrices de ces deux cylindres sont les circonférences D″D″, E″E″ (*fig.* 13). Ces courbes, provenant de
la section des deux cylindres D′ et E′ par le plan A″Y″
perpendiculaire à leur axe commun, ont été rabattues sur
le plan horizontal A″Z″ en tournant autour de l'horizontale projetante du point A″.

673. Les arêtes de la pièce à double courbure qu'il s'agit
d'exécuter, devront être obtenues en appliquant quatre
fois le principe connu en géométrie descriptive pour déterminer la courbe d'intersection de deux cylindres.

674. On peut, si l'on veut, construire les quatre courbes
à la fois ; ainsi, par exemple, on coupera les quatre cylindres par le plan P$_3$ parallèle aux deux axes, et par conséquent au plan vertical de projection. Ce plan coupera
chaque cylindre suivant deux génératrices, ce qui fera,
par conséquent, huit droites désignées sur toutes les figures par le n° 3. Ces droites étant toutes situées dans le
même plan, se couperont suivant seize points. En effet,
chacune des génératrices des cylindres verticaux B et C
perçant deux fois chacun des cylindres inclinés, il s'ensuit que chaque génératrice verticale contiendra quatre
points, et, par conséquent, les quatre génératrices en
contiendront seize, qui seront situés deux à deux sur
les génératrices du second cylindre.

La même opération étant recommencée, on obtiendra

autant de points que l'on voudra sur chacune des quatre courbes.

675. On remarquera cependant que les plans P_2 et P_4 qui sont tangents aux deux cylindres intérieurs C (*fig.* 9) et E'' (*fig.* 13), ne contiendront chacun que douze points.

676. Les plans P_1 et P_5 tangents aux cylindres extérieurs B et D'', n'en contiendront que quatre, et tous les plans compris entre P_1 et P_2 ou bien entre P_4 et P_5 n'en contiendront chacun que huit.

677. Ainsi en résumant, si l'on commence par le plan P_1 et que l'on avance vers le plan vertical de projection, on trouvera :

Quatre points situés dans le plan P_1

Huit dans chacun des plans situés entre P_1 et P_2

Douze dans le plan P_2

Seize dans chacun des plans situés entre P_2 et P_4

Douze dans le plan P_4

Huit dans chacun des plans situés entre P_4 et P_5

Quatre dans le plan P_5

678. Nous venons de dire comment on peut obtenir les projections de la pièce demandée ; il faut voir actuellement par quels moyens on pourra déduire cette pièce d'un bloc de bois donné.

679. Les méthodes que l'on emploie dans ce cas sont très-simples, et consistent à tailler successivement chacune des faces de la pièce.

Mais *comment doit-on s'y prendre pour tailler ces faces?*

Par laquelle faut-il commencer?

Quelle est la forme primitive qu'il convient le mieux de donner au morceau de bois duquel la pièce doit être déduite?

Ce sont là trois questions extrêmement importantes que nous allons résoudre successivement.

680. Si les dimensions de la pièce que l'on veut obtenir sont assez peu considérables pour que l'on puisse trouver un bloc de bois qui contienne la courbe tout entière, on pourra la construire d'un seul morceau, et dans ce cas, il faudra opérer de la manière suivante :

On construira (*fig. 7*) le parallélogramme $a'a'p'p'$ circonscrit à la projection verticale de la pièce demandée, et le rectangle $aacc$ circonscrit à la projection horizontale de la même pièce.

Ces deux figures seront les deux projections du parallélipipède que l'on doit tailler d'abord.

681. On rabattra le rectangle $a'a'c'''c'''$ (*fig. 7*), et l'on construira dans ce rectangle les deux arcs d'ellipses B''' et C''', suivant lesquels les cylindres BB' et CC' sont coupés par le plan projetant P_6 du rectangle $a'a'c'''c'''$.

Les deux courbes B''' et C''' peuvent être facilement construites par leurs axes (85, *introd.*) ou par points.

682. On n'a pas toujours sur l'épure la place suffisante pour employer la construction des ellipses par leurs axes, et d'ailleurs il est nécessaire de marquer et de conserver sur les courbes B''' et C''' les points suivant lesquels le plan P_6 du rectangle $a'a'c'''c'''$ est percé par les génératrices verticales des deux cylindres concentriques BB', CC'. Ces points, dont les projections verticales sont situées sur la ligne $a'a'$, se rabattront sur des perpendiculaires à cette droite, et leur distance à cette même ligne seront données, sur la projection horizontale (*fig. 9*), par la distance des mêmes points à la droite aa.

Ainsi, par exemple, la distance *em* du point *m* de l'arc de cercle C à la droite *aa* (*fig.* 9) donnera la distance *m'm''* du point *m'''* de l'ellipse C''' à la droite *a'a'* (*fig.* 7).

En opérant de la même manière, on obtiendra tous les points des deux arcs d'ellipses C''' et B'''.

683. On pourrait rabattre également la face rectangu- laire, dont la projection sur la *fig.* 7 coïncide avec la droite *p'p'*, mais la figure que l'on obtiendrait dans ce cas serait évidemment égale à celle que nous venons de con- struire, puisque ces deux figures sont les sections des mêmes cylindres par les deux plans parallèles P_6 et P_7 qui contiennent les faces opposées *a'a'* et *p'p'* du paralléli- pipède enveloppe.

684. Supposons actuellement que l'on ait taillé (*fig.* 1) le parallélipipède AQ, dont la base AAPP serait égale au parallélogramme *a'a'p'p'* de la *fig.* 7, et dont la hau- teur AC serait égale à la droite *ac* de la *fig.* 9.

On appliquera le rectangle *a'a'c'''c'''* de la *fig.* 7 sur la face PPQQ, et sur celle qui lui est opposée *fig.* 1, puis on piquera sur le bois les points de repères qui ont été marqués et numérotés à cette intention sur les deux el- lipses C''' et B''' de la *fig.* 7.

685. Au lieu de piquer sur le bois (*fig.* 1) les deux arcs d'ellipses tracés dans le rectangle *a'a'c'''c'''* (*fig.* 7), on peut découper cette figure et s'en servir comme d'un pistolet pour tracer (*fig.* 1) les deux courbes B et C sur lesquelles on établira ensuite les chiffres qui indiquent les points de repères.

686. Enfin on peut encore construire directement ces ellipses en opérant sur le bois, comme nous l'avons fait pour les tracer dans l'intérieur du rectangle *a'a'c'''c'''* (*fig.* 7).

687. Lorsque les ellipses C et B auront été tracées sur chacune des deux faces opposées du parallélipipède (*fig.* 1), on enlèvera le bois avec précaution jusqu'à ce que l'on puisse appliquer partout le bord d'une règle qui passe toujours par les points désignés par les mêmes chiffres sur les deux ellipses égales et parallèles C,C.

Il est évident que par cette opération on aura taillé la surface concave du cylindre qui a pour directrice l'arc d'ellipse C.

En opérant de la même manière, on taillera la surface convexe du cylindre qui a pour directrices l'arc d'ellipse B.

688. Lorsque l'on aura taillé ces deux surfaces cylindriques, le morceau de bois sera *débillardé*, et l'opération que nous venons de décrire se nomme **débillardement**.

689. Supposons actuellement que la pièce de bois soit transportée (*fig.* 2), on tracera sur les faces cylindriques taillées précédemment les génératrices des deux cylindres B et C.

Les positions de ces génératrices seront déterminées par les points de repère qui ont été marqués et conservés à cette intention sur les ellipses C''' et B''' du rectangle $a'a'c'''c'''$ (*fig.* 7).

690. Lorsque ces droites seront tracées sur les surfaces convexe et concave des deux cylindres que l'on vient de tailler, on y établira tous les points qui ont servi à déterminer les quatre courbes à double courbure qui forment les arêtes de la pièce demandée.

691. On obtiendra la position de chacun de ces points sur la *fig.* 2, en prenant, avec le compas sur la *fig.* 7, la portion de génératrice comprise entre le point que l'on

veut obtenir, et le plan P_6 qui contient le rectangle rabattu $a'a'c'''c'''$.

Ainsi, par exemple, on obtiendra la position du point N de la *fig.* 2, en faisant la distance NX de cette figure égale à la partie $n'x'$ de la génératrice correspondante *fig.* 7.

On remarquera sans doute, que sur la *fig.* 2 on voit la surface du cylindre C, tandis que la même surface est cachée sur la *fig.* 7. C'est pourquoi la génératrice $x'n'$, qui est située à droite de la *fig.* 7, est au contraire placée à gauche sur la *fig.* 2.

692. Au lieu de prendre avec le compas sur la *fig.* 7, les parties de génératrices que l'on veut reporter sur la *fig.* 2, on peut développer les deux parties de surfaces cylindriques qui ont pour traces les arcs de cercles B et C de la *fig.* 9. Ces développements (*fig.* 11) étant appliqués sur les faces cylindriques de la pièce débillardée (*fig.* 2), on piquera les points des quatre courbes qui forment les arêtes de la pièce demandée.

693. Cela étant fait, on coupera le bois en dehors et en dedans comme on le voit sur la *fig.* 3, en ayant soin de placer souvent la règle sur les points correspondants des courbes directrices, afin de s'assurer que les surfaces ainsi obtenues sont bien exactement cylindriques.

Au lieu de commencer par le cylindre C, comme nous venons de le faire, on peut tailler d'abord le cylindre B.

694. **Pièces de charpente.** Dans tout ce qui précède, nous avons supposé que la pièce à double courbure que l'on voulait obtenir devait être construite d'un seul morceau. Cela se fait quelquefois lorsqu'il s'agit d'un objet de petite dimension, comme, par exemple, d'un ornement de meuble ou d'un modèle pour la fonte d'une pièce de machine ; mais, dans

la charpente, cela n'a jamais lieu, pour deux causes que l'on concevra facilement.

695. La première, c'est qu'il serait souvent très-difficile de se procurer un morceau de bois assez gros pour qu'il puisse contenir la pièce tout entière que l'on veut tailler.

696. La seconde, qui est encore plus importante, c'est que la courbe obtenue, en supposant qu'elle puisse être construite d'une seule pièce, n'aurait pas la même force dans tous les points de sa circonférence. En effet, si les fibres du bois que l'on aura employé sont parallèles aux cylindres B,C, il est évident qu'elles seront tranchées dans toute la partie de courbe qui est à peu près parallèle aux cylindres D,E, tandis qu'au contraire si les fibres sont parallèles à ces derniers cylindres, elles seront tranchées dans les deux parties où la courbe est presque parallèle aux premiers.

697. C'est pourquoi, lorsque l'on veut exécuter une pièce dont la courbure très-sensible est contournée dans tous les sens, on la partage en un assez grand nombre de parties, pour que chacune d'elles puisse satisfaire à ces deux conditions :

1° *Qu'elle soit comprise dans les limites des pièces de bois dont on peut disposer;*

2° *Que les fibres du bois employé conservent la plus grande longueur qu'il sera possible.*

Ainsi, par exemple, pour exécuter la pièce qui fait le sujet de cette étude, on pourra la décomposer en quatre parties comprises entre les plans projetants des deux diagonales $a'p'$.

Chacune de ces parties aura pour faces de joints les

quadrilatères dont les projections sur la *fig.* 7 se confondront avec les traces des plans coupants P$_8$ et P$_9$.

Les parties courbes de charpente comprises dans les angles *a'Sp'* pourront alors être déduites de pièces de bois dont les fibres seraient parallèles aux cylindres B et C, tandis que les pièces comprises dans les angles *a'Sa'* ou *p'Sp'* seront prises dans des prismes dont les fibres seraient parallèles aux cylindres D et E.

698. Quant à la manière d'opérer, elle différera peu de ce que nous avons dit plus haut. Ainsi, par exemple, si l'on veut construire l'une des deux pièces comprises dans l'angle *a'Sp'*, on pourra la déduire d'un prisme vertical et rectangulaire qui aurait pour base le rectangle *bbbb* de la *fig.* 9 et pour projection verticale le rectangle *b'b'b'b'* de la *fig.* 7, et si l'on veut construire la pièce courbe comprise dans l'un des deux angles *a'Sa'* ou *p'Sp'*, on pourra la déduire du parallélipipède rectangle incliné qui aurait pour base le rectangle *d"d"d"d"* de la *fig.* 13 et pour projection sur la *fig.* 7 le rectangle *d'd'd'd'*.

Les arcs de cercle compris dans le rectangle *b—b* de la *fig.* 9, seront les directrices des deux cylindres B et C qui comprennent la courbe située dans l'un des angles *a'Sp'*, et les arcs de cercle compris dans le rectangle *d"—d"* de la *fig.* 13, seront les directrices des deux cylindres inclinés D et E qui comprennent la pièce dont la projection verticale est située dans l'un des angles *a'Sa'* ou *p'Sp'* de la *fig.* 7.

Les rectangles *b—b* de la *fig.* 9 ou *d"—d"* de la *fig.* 13 étant appliqués sur les faces des parallélipipèdes correspondants, on tracera les arcs de cercle et l'on taillera les surfaces cylindriques.

699. Quand le morceau de bois sera *débillardé*, comme

on le voit sur la *fig.* 4, on tracera les courbes à double courbure, en opérant comme nous l'avons dit au numéro 691, ou en appliquant les développements de la *fig.* 11 sur les surfaces cylindriques de la pièce débillardée.

700. Pour tailler la partie de courbe comprise dans l'angle *g'Sg'*, *fig.* 7, on pourra opérer de plusieurs manières.

Première méthode. On pourrait déduire la pièce demandée d'un parallélipipède qui aurait pour projection verticale le parallélogramme S*g'sg'*, et pour projection horizontale le rectangle *gggg*.

Dans ce cas, les directrices du débillardement feraient partie des deux ellipses C''' et D''' du rectangle *a'a'c'''c'''*.

701. *Deuxième méthode.* On peut remplacer le parallélogramme S*g'sg'*, *fig.* 7, par le rectangle *g'g'g'g'*, de sorte que le parallélipipède qui doit contenir la pièce demandée sera rectangulaire. Il en résultera cet avantage, que les directrices du débillardement seront les arcs de cercles B et C du rectangle *g—g*, *fig.* 9; au lieu des ellipses B''' et C''' du rectangle *a'—c'''*, *fig.* 7.

Mais cette deuxième méthode exigera en apparence plus de bois que la première.

Je dis en apparence, car le parallélipipède oblique employé dans le premier cas ne pourrait être taillé que dans un parallélipipède rectangle égal à celui qui serait nécessaire dans la seconde méthode.

702. Au surplus, dans l'exécution des pièces de charpente, l'économie sur la longueur du bois n'a qu'une importance secondaire. Ce qui est beaucoup plus essentiel, comme nous l'avons déjà dit tant de fois, c'est d'éviter de trancher les fibres, et pour cela il faut tâcher que la plus grande longueur de la pièce demandée soit paral-

lèle, autant que possible, aux fibres de l'arbre employé pour la construire.

703. *Troisième méthode*. On satisfera en partie à cette condition en employant un parallélipipède dont la projection verticale serait le rectangle $h'h'h'h'$, *fig.* 7, et dont l'épaisseur serait égale à la droite ac de la *fig.* 9 ; mais il est encore facile de reconnaître, par cette dernière projection, qu'un grand nombre de fibres seraient tranchées par le débillardement des deux cylindres concentriques B et C ; et l'on conçoit en même temps que si l'on parvient à réduire les dimensions du rectangle circonscrit à la projection horizontale *fig.* 9, le déchet, et par conséquent la section des fibres, seront diminuées d'autant. Nous serons donc conduits, par les considérations qui précèdent, à employer la méthode suivante.

704. *Quatrième méthode*. On projettera la pièce qu'il s'agit d'exécuter, sur le plan vertical P_{10} qui contient les génératrices 10 et 11 du cylindre C, *fig.* 9.

La projection que l'on obtiendra *fig.* 8, se déduira de la *fig.* 9, en prenant sur la *fig.* 7 les hauteurs de chaque point au-dessus d'un plan horizontal quelconque.

Lorsque la projection auxiliaire de la pièce de bois sera complète sur la *fig.* 8, on enveloppera cette projection par le parallélogramme $z^{IV}z^{IV}z^{IV}z^{IV}$.

Les plus grands côtés de ce parallélogramme seront les traces de deux plans P_{12} et P_{13} perpendiculaires au plan vertical de projection P_{10} et si l'on conçoit (*fig.* 9) un quatrième plan P_{11} parallèle à P_{10} il est évident que les quatre plans $P_{10} P_{11} P_{12}$ et P_{13} seront les limites d'un prisme rectangulaire entre les faces duquel la pièce demandée sera comprise, et les fibres du bois parallèles à ces quatre faces seront, à très-peu de chose près, parallèles à la plus grande longueur de la pièce , ce qui aura pour double conséquence de diminuer le nombre des fibres tranchées et la grosseur du morceau de bois nécessaire.

705. La pièce que l'on veut tailler étant comprise entièrement dans le parallélipipède qui a pour l'une de ses faces le parallélogramme z^{IV}—z^{IV}, *fig.* 8, et pour épaisseur la droite *ou* de la *fig.* 9, on rabattra le rectangle $z^{IV}z^{IV}x^{V}x^{V}$, puis, en opérant comme nous l'avons dit au numéro 682, on construira les deux ellipses B^{IV} et C^{IV} suivant lesquelles les deux cylindres verticaux B et C seront coupés par les plans P_{12} et P_{13} de la *fig.* 8.

Ces courbes , tracées sur les faces correspondantes du parallélipipède enveloppe Z—Z (*fig.* 12), serviront de directrices pour tailler les surfaces des deux cylindres verticaux B et C, et quand la pièce sera débillardée, on agira pour le reste comme dans tous les exemples précédents.

706. *Cinquième méthode.* Si l'on ne pouvait pas se procurer un morceau de bois assez long pour que l'on puisse en tirer le prisme qui a pour face le parallélogramme z^{IV}—z^{IV} on remplacerait cette figure par le rectangle $o^{IV}r^{IV}o^{IV}r^{IV}$, le solide enveloppe serait alors rectangulaire, et dans ce cas il faudrait rabattre non-seulement les faces $o^{IV}o^{IV}u^{V}u^{V}$ et $r^{IV}r^{IV}v^{V}v^{V}$, mais encore les deux faces $o^{VI}u^{VI}r^{VI}v^{VI}$ et $o^{VII}u^{VII}r^{VII}v^{VII}$, car sans cela on n'aurait qu'une partie des directrices nécessaires pour exécuter le débillardement.

Ces quatre figures étant appliquées sur les faces correspondantes du parallélipipède rectangle OR (*fig.* 12), on taillera les surfaces cylindriques et l'on opérera pour le reste comme dans tous les cas précédents *fig.* 10.

707. Nous n'avons pas parlé des tenons et des mortaises, parce que, dans l'application, les pièces de charpente ne se-

ront pas immédiatement réunies comme nous l'avons supposé sur la *fig.* 7, mais elles seront assemblées comme on le voit sur la *fig.* 6, dans une lierne ou dans un poinçon L situé à la place du joint.

Il s'ensuit qu'en supposant les deux pièces M et N prolongées jusqu'au plan P, il restera toujours, lorsque ces pièces seront taillées, un excédent de longueur suffisant pour faire les tenons.

---

708. Lunette conique. Nous terminerons ces études de charpente par la construction de la courbe formant l'arête de pénétration d'un comble sphérique avec une lunette conique.

709. Les surfaces extérieure et intérieure du comble dont il s'agit, sont deux sphères dont le centre commun a pour projections les points O et O' (*fig.* 5 et 4, *Pl.* **47**).

La section du comble par le plan de naissance est indiquée sur la *fig.* 5 par la teinte de points comprise entre les grands cercles suivant lesquelles les deux sphères concentriques sont coupées par le plan horizontal qui contient leur centre OO'.

La section des mêmes sphères par le plan vertical P_1 est également indiquée sur la *fig.* 4 par une teinte de points.

710. La pièce de charpente qui forme le contour de la lunette est comprise entre deux cônes circulaires qui ont le même axe SC, S'C' et le même sommet SS', de sorte que la surface complète de cette pièce de bois se compose de deux faces coniques et de deux faces sphériques.

711. Les deux cônes concentriques étant circulaires, si leur sommet commun SS' coïncidait avec le centre com-

mun OO′ des deux surfaces sphériques, les quatre arêtes
de la pièce de bois seraient des circonférences de cercles
projetées sur le plan vertical de projection par des droites
parallèles, et sur le plan horizontal par des ellipses.

La pièce demandée serait alors une courbe plane.

Mais cela n'a pas lieu dans le cas actuel, et le sommet
SS′ des deux cônes étant situé au-dessous du plan de naissance du comble sphérique, les courbes de pénétration
sont à double courbure.

712. Cette disposition a souvent pour but de faire arriver une plus grande quantité de lumière dans les parties
inférieures du monument.

713. Les données précédentes étant admises, la première opération consiste à déterminer les quatre arêtes de
la pièce de bois que l'on veut tailler.

714. La *fig.* 4 est une coupe par le plan vertical P₁ qui
contient l'axe commun des deux cônes; il résulte de là
que la sphère et le cône sont coupés par ce plan en deux
parties symétriques, dont une seule est conservée sur la
fig. 4, afin de mieux faire voir la partie concave de la pièce
courbe.

715. Cette projection suffit d'ailleurs, car par suite de
la symétrie, les deux moitiés de la courbe auraient une
projection verticale commune, et si l'on avait projeté la
pièce tout entière, la projection que l'on aurait obtenue
ne différerait de la projection actuelle que par les parties
vues ou cachées.

Ainsi, toutes les courbes dépendantes de la partie que
l'on a conservée pourront servir en les retournant, pour
construire celle que l'on a supprimée.

716. Lorsque l'épure sera disposée comme nous venons de le dire, on coupera les deux cônes qui doivent contenir les surfaces extérieure et intérieure de la courbe que l'on veut obtenir par le plan $A''A'''$ perpendiculaire à l'axe commun $SC, S'C'$, et par conséquent au plan vertical de projection.

La section que l'on obtiendra sera composée de deux circonférences concentriques, que l'on rabattra sur le plan $A''Z''$ (fig. 8) en les faisant tourner autour de l'horizontale projetante du point A''.

Ces deux circonférences pourront servir de directrices aux deux cônes circulaires donnés.

717. Pour obtenir les arêtes de la courbe, il suffira d'appliquer quatre fois le principe connu en géométrie descriptive pour construire l'intersection d'une sphère et d'un cône. Mais dans le cas actuel, l'application de ce principe sera très-simple, ce qui provient surtout de ce que le sommet SS' des deux cônes est situé sur la verticale qui contient le centre de la sphère ; de sorte qu'en faisant tourner les plans projetants verticaux des génératrices des cônes autour de cette verticale, les grands cercles suivant lesquels ces plans coupent la sphère se rabattront tous sur le méridien principal.

718. Ainsi, par exemple, si l'on veut avoir les points suivant lesquels la génératrice $Su, S'u'$ du cône intérieur perce les surfaces des deux sphères concentriques, on pourra opérer de la manière suivante :

1° La génératrice sur laquelle on veut obtenir deux points étant donnée par sa projection verticale $S'u'$, on rabattra u' en u'' (fig. 8), et la projection horizontale u sera déterminée par la rencontre de la droite $u''u$ parallèle à $A'Z'$ avec la perpendiculaire $u'u$ abaissée de u'.

2° Les deux projections u, u' étant connues, on concevra

le plan vertical P qui contient la génératrice $Su, S'u'$, et l'on fera tourner ce plan autour de la verticale $SO, S'O'$, jusqu'à ce qu'il soit rabattu sur le plan vertical P_1

3° Par suite de ce mouvement, la génératrice $Su, S'u'$ vient se rabattre en $S'u'''$ (*fig.* 4), et les points n''' et m''' suivant lesquels cette droite ainsi rabattue coupe les méridiens des deux sphères concentriques, appartiennent aux arêtes intérieures de la pièce de bois que l'on veut tailler.

4° Les points n''' et m''' étant obtenus sur la génératrice rabattue $S'u'''$, on les projettera sur la trace horizontale CC'' du plan P_1 d'où on les fera revenir sur la génératrice Su, en les faisant tourner une seconde fois autour de la verticale $SO, S'O'$.

5° Les arcs de cercles décrits dans ce deuxième mouvement par les points demandés, se projetteront sur le plan vertical $A'Z'$ par les droites horizontales $m'''m'$ et $n'''n'$, et sur le plan horizontal (*fig.* 5) par des arcs de cercles décrits du point S comme centre.

6° Si l'on a bien opéré, les droites $m'm$ et $n'n$ doivent être perpendiculaires à la ligne $A'Z'$.

719. Pour ne pas embarrasser l'épure, on n'a conservé que les opérations nécessaires pour obtenir les points qui sont situés sur la génératrice $Su, S'u'$ du cône intérieur, mais il est évident qu'en opérant de la même manière on obtiendra deux points sur chacune des génératrices des deux cônes.

720. Lorsque les quatre arêtes de la pièce courbe seront déterminées, on choisira la place des assemblages, et l'on déterminera les faces de joints.

Supposons, par exemple, que l'on veut construire la courbe en quatre parties, désignées sur la *fig.* 5 par M, N, V, U.

Chacune de ces parties sera comprise dans l'un des quatre angles dièdres formés (*fig.* 8) par les deux plans P$_2$ et P$_3$ qui se coupent à angles droits, suivant l'axe commun des deux cônes. .

Les faces d'assemblage sont indiquées, sur les *fig.* 4 et 5, par des teintes de points.

721. Pour construire les différentes parties de la lunette, on pourra opérer de plusieurs manières.

722. *Première méthode.* La partie de courbe désignée par la lettre M sur les *fig.* 5 et 4, peut être déduite d'un prisme qui aurait pour base le trapèze $a'a'x'x'$ (*fig.* 4), et pour longueur la droite horizontale xx de la *fig.* 5.

Les faces $a'a'$, $x'x'$ du prisme enveloppant (*fig.* 4) étant perpendiculaires sur l'axe commun SC, S'C' des deux cônes, couperont ces deux surfaces suivant des arcs de cercle.

Ces faces ont été projetées sur le plan A''A''', et rabattues de là sur le plan horizontal A'''Z''' (*fig.* 2) en tournant autour de l'horizontale projetante du point A'''.

Ainsi, on appliquera le rectangle a'''—a''' de la *fig.* 2, sur la face $a'a'$ du prisme projeté *fig.* 4 et le rectangle x'''—x''' de la *fig.* 2 sur la face $x'x'$ de la *fig.* 4. Les arcs de cercle compris dans chacun des rectangles a'''—a''', x'''—x''' *fig.* 2 seront les directrices des faces coniques de la pièce que l'on veut tailler.

723. Lorsque le morceau de bois sera débillardé, c'est-à-dire lorsque l'on aura taillé les deux surfaces coniques, on y appliquera les parties correspondantes des développements de la *fig.* 1.

Pour ménager la place, ces deux figures sont superposées, et ne contiennent chacune que la moitié du cône correspondant ; ce qui suffit à cause de la symétrie, qui permet de les retourner lorsque l'on aura tracé la première moitié de la lunette.

Ces développements ont été construits par le principe connu en géométrie descriptive. Ainsi, chaque point, en tournant autour de l'axe commun des deux cônes, a été rabattu sur l'une des droites S'B ou S'D, puis, de là, sur la génératrice correspondante du développement (*fig.* 1) par un arc de cercle décrit du point S' comme centre. L'opération n'a été conservée que pour quelques points.

724. Lorsque les courbes tracées sur les développements de la *fig.* 1 auront été reportées sur les faces débillardées du morceau de bois, on taillera successivement les deux faces sphériques en présentant sur le bois l'une ou l'autre des deux *cerces* K et H découpées chacune suivant la courbure d'un grand cercle de la sphère correspondante. Il suffira de maintenir à vue d'œil le plan de chaque cerce perpendiculaire à la surface de la sphère que l'on voudra tailler, et de faire passer la courbe génératrice par les points de repères déterminés sur les courbes directrices par les plans qui contiennent l'axe commun des deux cônes. Ces points de repères seront pour cela marqués sur les courbes de la *fig.* 1 par des numéros correspondants.

On pourra opérer de la même manière pour tailler la partie de courbe désignée par la lettre N sur les *fig.* 5 et 4.

Cette pièce sera déduite du prisme qui aurait pour base ou pour section droite le trapèze $c'c'z'z'$ (*fig.* 4), et pour longueur la droite horizontale cc de la *fig.* 5.

Les faces $c'c'$, $z'z'$ projetées sur le plan A″A‴ et rabattues sur le plan horizontal A‴Z‴ *fig.* 3, contiennent les arcs de cercle qui, tracés sur les plans $a'a'$ et $z'z'$ de la *fig.* 4, détermineront les surfaces coniques sur lesquelles on appliquera les parties correspondantes des développements *fig.* 1.

725. *Deuxième méthode.* La méthode précédente exigerait trop de bois si l'on voulait l'appliquer à la taille de l'une des courbes désignées par V ou par U sur les *fig.* 5 et 4 ; on trouverait difficilement un morceau de bois assez épais s'il fallait que deux de ses faces fussent perpendiculaires à l'axe commun des cônes (*fig.* 5).

Dans ce cas, on pourra déduire cette pièce d'un parallélipipède qui aurait pour face le rectangle $o'o'v'v'$, *fig.* 4, et pour épaisseur la distance oo ou vv des deux plans verticaux entre lesquels est comprise la projection horizontale de la pièce demandée.

Alors, il faudra déterminer et rabattre les ellipses D',B' et D'',B'' suivant lesquelles les faces $o'o'$ et $v'v'$ du prisme enveloppant, *fig.* 4, seront traversées par les surfaces des deux cônes D et B.

Ces courbes, appliquées sur les faces $o'o'$ et $v'v'$ du parallélipipède-enveloppe, serviront de directrices pour le débillardement, et lorsque les surfaces coniques seront taillées, on y appliquera les parties correspondantes des développements *fig.* 1, et l'on·agira pour le reste comme dans tous les exemples qui précèdent.

726. *Troisième méthode.* S'il s'agissait de construire la partie de-courbe L comprise dans l'angle dièdre GC''Q formé par les plans P_1 et P_4 de la *fig.* 8, il faudrait opérer de la manière suivante :

1° On remarquera que les génératrices S—1 et S—2 du cône intérieur sont dans un même plan, puisqu'elles se coupent au sommet commun SS' des deux cônes ;

2° On déterminera la trace horizontale q de la génératrice S—1, et la trace horizontale g de la génératrice S—2.

3° La droite qg qui contient les deux points que nous venons de déterminer sera la trace horizontale du plan qui contient les deux génératrices S—1 et S—2.

On pourra vérifier la direction de cette trace en joignant le point 2 de la *fig.* 5 avec le point *b*, suivant lequel la gé-nératrice S'—1 *fig.* 4 est coupée par le plan horizontal P₅

4° On prendra un plan auxiliaire de projection AᴵᵛZᴵᵛ vertical et perpendiculaire à la trace horizontale *gq* du plan qui contient les génératrices S—1 et S—2 ;

5° La nouvelle projection que l'on obtiendra, *fig.* 7, se construira en traçant une perpendiculaire à AᴵᵛZᴵᵛ par chacun des points de la projection horizontale *fig.* 5, et portant sur cette perpendiculaire à partir de AᴵᵛZᴵᵛ la hauteur du point correspondant au-dessus de A'Z';

6° On remarquera que les points 2,4,1,3 sont projetés en ligne droite sur la *fig.* 7, ce qui provient de ce que le nouveau plan de projection AᴵᵛZᴵᵛ est perpendiculaire au plan P₆ des deux génératrices S—1 et S—2 ;

7° On pourra remarquer aussi que, par les mêmes raisons, la nouvelle trace 2—Z' de ce plan doit passer par le point Sᴵᵛ qui est la projection sur le plan AᴵᵛZᴵᵛ du sommet commun des deux cônes.

On obtiendra cette projection Sᴵᵛ en faisant S"Xᴵᵛ égale à S'O'.

8° Lorsque la projection, *fig.* 7, sera complète et vérifiée, on rabattra le plan P₆ autour de sa nouvelle trace verticale Z'—2 et l'on construira, *fig.* 6, la projection de la pièce dont il s'agit sur ce nouveau plan.

Cette projection s'obtiendra en traçant une perpendiculaire à la droite Z'—2, par chacun des points de la *fig.* 7, et portant sur cette perpendiculaire à partir de Z'—2 la distance du point correspondant à la droite AᴵᵛZᴵᵛ *fig.* 5.

9° Lorsque les deux projections, *fig.* 7 et 6, seront terminées, on pourra préparer un morceau de bois compris entre les quatre plans projetants du rectangle *eerr*, *fig.* 6, et le plan P₇ tangent au cône extérieur et perpendiculaire au plan AᴵᵛZᴵᵛ de la projection *fig.* 7.

Les sections D''',B''' et D'',B'ʳ des deux cônes par les faces *ee,rr* du solide ainsi déterminé, seront les directrices du débillardement.

Pour construire ces courbes, on projettera le sommet SS' des deux cônes sur le plan P₆ rabattu.

Cette projection Sʳ s'obtiendra en faisant Sᵛ—Sⁱᵛ de la *fig.* 6 égale à SXⁱᵛ de la *fig.* 5.

Les points de section des deux cônes par le plan projetant de *ee*, *fig.* 6, seront projetés, *fig.* 7, sur les génératrices correspondantes, puis rabattus, *fig.* 6, autour de la droite *e'e'* en prenant sur la *fig.* 7 leur distance à la droite Z'—2; ainsi on obtiendra le point *sᵛ* de la *fig.* 6, en faisant la distance *sᵛtᵛ* égale à la distance *sⁱᵛtⁱᵛ* de la *fig.* 7.

Il est évident que l'on peut remplacer le plan P₇ par un plan P₈ parallèle à P₆ et dans ce cas le parallélipipède enveloppe sera rectangulaire; c'est donc comme étude et comme recherche du solide *minimum* que j'ai indiqué la méthode précédente.

727. Les exemples que nous venons d'étudier suffisent pour faire comprendre comment on peut tailler toute espèce de pièce à double courbure, et par conséquent toutes les courbes arêtières, quelles que soient les surfaces extérieure ou intérieure des combles dont elles forment les pénétrations.

Perspective cavalière.

728. **Remarque.** Quelques-unes des planches qui précèdent contiennent les perspectives des principaux assemblages projetés sur les épures; ce genre de description, dont *on peut apprendre le principe en une demi-heure*, permet de représenter les transformations successives de

l'objet que l'on étudie ; mais pour tirer tout le parti possible de ce genre de dessin, il faut, par de nombreux exemples, s'exercer à construire promptement, à vue d'œil, et *sans le secours du compas*, la perspective des objets que l'on a sous les yeux ou dans l'imagination.

729. Quelques personnes ont voulu contester l'utilité de la perspective cavalière ; elles ont donné pour raison que les objets pouvant être déterminés complétement et dans tous leurs détails par le moyen des projections, il n'est pas nécessaire d'employer un genre de dessin qui altère les dimensions du corps représenté sans avoir l'avantage, comme la perspective ordinaire, d'en reproduire l'apparence avec une exactitude rigoureuse.

Je serais peut-être de cet avis, si tout le monde savait la géométrie descriptive, ou si les ingénieurs ne devaient jamais avoir de communications d'idées avec des personnes étrangères à l'étude de cette science.

Mais il arrive à chaque instant, dans l'exécution des travaux industriels, que l'on veut faire comprendre à un ouvrier, à un chef d'atelier, les formes d'une pièce qui n'existe encore que dans l'imagination, et qui ne pourra être projetée que lorsque l'auteur aura fixé ses idées sur les dimensions les plus convenables à donner à cet objet.

L'ingénieur lui-même, dans le travail de cabinet, ne peut commencer ses épures qu'après avoir comparé et discuté les formes qui conviennent le mieux aux différents détails de son projet ; et cette discussion sera souvent rendue plus facile par la représentation en perspective de l'objet qu'il étudie.

L'exécution d'un modèle d'assemblage exigera souvent deux ou trois heures, et quelquefois des journées entières, tandis que la perspective du même objet n'exigera que deux ou trois minutes.

730. Lorsqu'un professeur de construction voudra faire comprendre à ses élèves l'ordre suivant lequel les faces d'une pierre doivent être taillées, et par conséquent tracées, il dessinera sur le tableau toutes les formes successives du voussoir. Si, par exemple, nous supposons que l'on veut obtenir l'une des pierres provenant de la rencontre d'un berceau en descente qui pénètre obliquement dans une voûte cylindrique horizontale, on représentera sur la figure 1re le parallélipipède rectangle, dont il faut déduire la pierre demandée.

Le triangle *auc*, indiqué par des hachures, est la base du prisme triangulaire qu'il faut abattre pour que les arêtes *ah*, *ca* (*fig.* 1 et 2), soient parallèles aux axes des deux berceaux. L'angle de ces arêtes est donné par l'épure.

Le triangle *avh* détermine un second prisme triangulaire qu'il faut détruire pour que le plan *ahk* (*fig.* 1 et 2) soit perpendiculaire à la direction *ac* du berceau principal A.

La face *ahk* (*fig.* 2 et 3) coïncidera donc avec le plan de section droite du berceau horizontal A, tandis que le plan *bry*, perpendiculaire à l'arête *cb*, sera la section droite du berceau en descente B.

Le quadrilatère *hero* et le pentagone *zxysk* (*fig.* 2) déterminent le solide qu'il faut retrancher pour obtenir (*fig.* 3) les deux plans *hexz* et *ryxe*, qui forment les parements extérieurs des murs ou pieds-droits des deux voûtes.

Les figures A et B sont les sections droites des deux berceaux, et les hachures qui les entourent feront comprendre ce qu'il faut enlever pour former les surfaces de douelles, de joints et d'extrados.

Sur la figure 4, on suppose que l'on a taillé les douelles

et les joints supérieurs de la pierre, et la figure 5 représente le voussoir complétement exécuté.

Ainsi, par une suite de perspectives qui, en moyenne, exigent chacune tout au plus deux ou trois minutes, on peut faire en quelque sorte assister l'élève à la transformation complète de la pierre la plus composée.

On remarquera d'ailleurs que le professeur, devant son tableau, est placé dans des conditions bien plus favorables que celles auxquelles nous avons dû satisfaire ; car il n'a pas besoin, pour exprimer sa pensée, de dessiner autant de figures que la pierre doit subir de transformations ; il peut, après avoir tracé à la craie la figure 1re, faire avec l'éponge, avec le doigt, ou plutôt avec une estompe un peu humide, les changements de forme indiqués par l'ordre des coupes successives ; il peut discuter ces coupes, et les modifier de manière à mettre en évidence les avantages ou les inconvénients de chacune d'elles.

731. Ce que je viens de dire du professeur, s'applique également au conducteur de travaux, ou chef d'atelier, qui veut faire comprendre à un ouvrier la forme de l'objet dont il lui a confié l'exécution ; mais, je le répète, pour que ce genre de dessin soit réellement utile, il ne faut pas qu'il soit fait avec le compas ; il faut qu'en deux ou trois coups de crayon le dessinateur debout, et dans le chantier, puisse de suite, et sans préparation, exprimer complétement sa pensée : s'il lui faut une table, des règles, des équerres, cela ne peut plus servir à rien.

732. Il est vrai, que pour arriver là, il faut faire un certain nombre d'études géométriques et rigoureuses du principe : et c'est alors *seulement*, que l'emploi du compas est nécessaire.

J'ai donné, dans le dernier livre de mon Traité des

ombres, la méthode générale par laquelle on peut obtenir la *perspective cavalière* d'un objet quelconque ; mais je crois devoir la rappeler ici, afin d'y ajouter quelques simplifications.

Supposons que l'on veut construire la perspective d'une croix déterminée sur les figures 7 ou 11 par les projections C et C'.

On choisira comme tableau un plan vertical TT, assez éloigné pour que la perspective de l'objet ne se confonde pas avec la projection verticale C'; puis après avoir construit cette projection, on tracera les *lignes fuyantes* suivant la direction qui paraîtra le plus convenable.

Ces lignes étant les perspectives des horizontales projetantes, on portera sur chacune d'elles une quantité égale à peu près au tiers ou à la moitié de sa grandeur véritable, suivant que l'on voudra obtenir une vue plus ou moins raccourcie. Lorsque l'objet sera très-allongé dans le sens perpendiculaire au tableau, il vaudra mieux prendre le tiers.

733. On peut éviter la division au compas des horizontales projetantes en opérant ainsi : sur une droite au, parallèle à la direction adoptée pour les lignes fuyantes, on portera le tiers ou la moitié de l'horizontale correspondante ac ; on tracera la droite cu, et la verticale ua'' déterminera le point a'' pour la perspective du point correspondant aa'. Il ne restera plus qu'à construire pour chaque point un triangle semblable et parallèle au triangle auc.

Ainsi, les points o'' et s'' seront les perspectives des points correspondants oo' et ss'.

734. Dans l'application, on ne trace pas les projections de l'objet ; ainsi, pour obtenir l'une des croix dessinées en perspective sur les figures 7 ou 11, on commencera par faire

un angle très-ouvert YAX. Les côtés de cet angle seront
les directions des arêtes horizontales de la croix, l'angle
YAX doit avoir au moins 140 degrés; une ouverture
moindre (*fig.* 18) ferait paraître l'objet trop près, ce qui
serait contraire aux sensations que l'on éprouve habituel-
lement, et qui proviennent de ce que, pour regarder un
corps, on se place toujours à une distance assez grande
pour que le phénomène de la vision se produise d'une
manière distincte.

Sur les côtés de l'angle YAX, on portera des longueurs
à peu près proportionnelles aux parties correspondantes de
l'objet, en évaluant par sentiment, le plus ou moins de
raccourcissement qui doit provenir de la direction des
lignes AY et AX; le reste ne dépendra plus que des hauteurs et du parallélisme des arêtes.

735. Si quelques-unes de ces arêtes sont circulaires
comme celles du vase qui est dessiné en perspective (*fig.* 17)
et en projections (*fig.* 13 et 14), on construira la perspective
du quarré circonscrit à chaque cercle, en opérant comme
pour la face supérieure du socle rectangulaire S″. La perspective de chaque quarré sera le parallélogramme conjugué
de l'ellipse correspondante, et lorsque ces ellipses seront
tracées, on effacera toutes les lignes d'opérations. Avec un
peu d'habitude, il sera facile de dessiner la perspective de
chaque cercle sans tracer avec le compas la perspective
du quarré circonscrit.

————

736. Perspective isométrique. La *perspective cavalière*
que nous venons d'étudier, ayant seulement pour but de
faire comprendre la forme de certains détails d'assemblage,

n'exige pas une exactitude absolue, que d'ailleurs on ne peut obtenir que par la méthode des projections.

La *perspective* ordinaire, qui donne une image fidèle des objets d'une certaine étendue, en altère encore plus les dimensions.

Ce n'est donc pas avec des dessins en perspective que l'on pourra faire exécuter un corps dont les dimensions sont déterminées. La méthode des projections seule conserve la grandeur exacte de toutes les parties ; mais alors on ne reconnaît plus aussi bien la forme de l'objet représenté, et la description n'en peut être complète qu'avec *deux projections*.

Ces motifs ont engagé plusieurs fois à chercher s'il ne serait pas possible avec une seule figure, d'exprimer exactement la forme et les dimensions de l'objet que l'on veut décrire.

Pour atteindre ce but, M. le professeur anglais Farish a proposé la méthode suivante, reproduite par M. Tom Richard dans la 2ᵉ édition du Dictionnaire des Arts et Manufactures, et depuis par M. E. Dupré, conducteur des ponts et chaussées, dans le nᵒ 27 du journal *l'Ingénieur*, année 1854.

737. Soit (*fig.* 15 et 16) un cube qui a pour projection horizontale le quarré indiqué par des points sur la figure 15 ; l'une des diagonales de ce quarré étant parallèle au plan vertical de projection, qui a pour trace la ligne *kb*, la projection verticale du cube sera le rectangle *o'ku'h* (*fig.* 16).

Si l'on suppose que le solide tourne autour de l'horizontale projetante *oo'*, jusqu'à ce que sa diagonale *ou'* soit venue se placer dans la position verticale *ou''*, la nouvelle projection horizontale du cube sera l'hexagone régulier *Avsnce*.

Or, si l'on conçoit que les différents points de l'espace soient rapportés à trois axes rectangulaires qui aboutissent au point A, et qui coïncident avec les trois arêtes AX, AY et AZ du cube, les trois plans coordonnés correspondants ZX, ZY et XY seront les faces de l'angle trièdre qui a son sommet en A.

Mais la projection actuelle du cube étant un hexagone régulier, dont par conséquent le rayon oA est égal au côté Av ou Ae, il est évident qu'une longueur de *un mètre*, par exemple, parallèle à AZ, sera égale en projection à un mètre compté sur une parallèle à AX ou AY.

D'où il suit que toutes les longueurs *parallèles aux axes* AZ, AY ou AX, qui seront égales dans l'espace, seront aussi égales en projection, et les rapports qui existeront dans l'espace entre deux dimensions parallèles aux axes seront encore égaux aux rapports des projections des mêmes lignes.

D'après cela, si nous concevons (*fig.* 8) que les angles YAZ et ZAX soient égaux chacun à 60 *degrés*, les droites AY, AZ et AX seront les projections horizontales de trois axes rectangulaires, parallèles aux arêtes du cube projeté sur les figures 15 et 16, et tous les points de l'espace pourront alors être déterminés par leurs distances aux plans coordonnés ZY, ZX et YX.

738. Supposons, par exemple, que l'on veut déterminer (*fig.* 8) la position d'un point M situé dans le plan des YX, on fera Am égal à la distance du point dont il s'agit au plan des ZY, et sur mM parallèle à l'axe AY, on fera mM égal à la distance du point M au plan des ZX.

739. Pour déterminer (*fig.* 10) la position d'un point M de l'espace, on fera :

Am égal à la distance du point M au plan des ZX;

On fera ensuite *mm'* parallèle à AX, et de plus égal à la distance du point M au plan des ZY ;

Enfin, *m'*M parallèle à AZ sera la distance du point M au plan des XY.

740. Pour représenter (*fig.* 6) une droite MN de l'espace, on déterminera les positions M et N de deux quelconques de ses points.

La droite *m'n'* prolongée pourra servir à déterminer les traces *v* et *u* de la droite MN.

741. Enfin, la position d'un plan P (*fig.* 12) sera déterminée par deux quelconques de ses trois traces *cu*, *un* ou *cn*.

742. Voilà ce que M. le professeur Farish a nommé la *perspective isométrique*, c'est-à-dire qui conserve l'égalité des dimensions.

Cette méthode serait mieux désignée par le mot de *projection* isométrique, car il ne s'agit évidemment que d'une projection sur un plan perpendiculaire à la diagonale d'un cube, dont les faces remplaceraient les plans de projection que l'on emploie ordinairement dans la géométrie descriptive et dans l'analyse algébrique.

743. Pour donner à la méthode précédente un caractère de généralité, l'auteur a nommé *plans isométriques* les trois faces du cube auxquelles il rapporte les différents points de l'espace. Ainsi le plan des YZ a reçu le nom de plan vertical *isométrique de gauche ;* le plan des ZX se nomme plan vertical *isométrique de droite ;* et le plan des XY sera le plan *isométrique horizontal*, parce qu'il est toujours parallèle aux faces horizontales des objets que l'on veut projeter (*fig.* 9).

Les parallèles à la droite AX seront des lignes isométriques de droite ; les parallèles à AY seront les isométriques de gauche, et les parallèles AZ seront des verticales isométriques.

744. Je crois que l'inventeur de la perspective isométrique, si toutefois on peut accorder à cette méthode le nom d'invention, s'est beaucoup abusé sur la portée de sa découverte, et je m'étonne que M. Dupré, conducteur des ponts et chaussées, et par conséquent essentiellement praticien, ait pu être séduit par une apparence de simplification qui n'existe certainement pas.

La méthode dont il s'agit ayant la prétention de remplacer d'un seul coup la perspective et la géométrie descriptive, nous allons l'examiner successivement sous chacun de ces deux points de vue.

Nous écarterons d'abord du débat la perspective rigoureuse, avec laquelle le principe que nous discutons n'a rien de commun. Il ne s'agit donc ici que de géométrie descriptive et de perspective cavalière.

745. Mais d'abord, pour que la figure que l'on obtiendra puisse, comme on le prétend, remplacer les deux projections de l'objet, *il faut que le dessin soit exécuté avec le compas, à une échelle déterminée.* Or cette seule condition suffit évidemment pour lui faire perdre toute utilité pratique comme moyen de description expéditive.

746. Ensuite, c'est à tort que l'on prétend, par cette méthode, conserver les rapports des dimensions.

En effet, le triangle OVU (*fig.* 14) étant rectangle en U, on a :

$$\overline{OV}^2 = \overline{OU}^2 + \overline{VU}^2,$$

tandis que l'angle V'U'O' (*fig.* 18) étant égal à 120 degrés, on aura :

$$\overline{O'V'}^2 = \overline{O'U'}^2 + \overline{V'U'}^2 + 2.O'U' \times V'U'.\cos.120.$$

Or les droites O'U' et V'U' de la figure 18 étant égales aux droites OU et VU de la figure 14, il s'ensuit que

$$\overline{O'V'}^2 - \overline{OV}^2 = 2.OU \times OV \times \frac{1}{2} = OU \times OV,$$

et par conséquent O'V' > OV.

On démontrerait de même que O'*m'* de la figure 18 est plus petit que O*m* de la figure 14.

Et par conséquent il ne faut pas dire que la méthode conserve les rapports des dimensions, puisque les unes augmentent tandis que les autres sont diminuées, et qu'en outre la droite *m'*M de la figure 18 reste égale à sa longueur *m'*M (*fig.* 13).

On voit aussi, par ce qui précède, pourquoi le vase qui est en perspective sur la figure 9 paraît beaucoup plus gros que sa projection (*fig.* 13).

747. Ainsi, la perspective isométrique ne conserve les dimensions que pour les arêtes qui sont parallèles aux droites AX, AY ou AZ ; mais alors il faut que l'objet soit rectangulaire, et qu'en outre les arêtes de cet objet soient parallèles aux axes isométriques AX, AY, AZ.

Or, dans ce cas (*fig.* 15), on obtient une perspective dans laquelle la position trop symétrique des arêtes et des faces détruit complétement l'illusion, et ne permet pas de varier les effets, de faire voir le corps sous l'aspect le plus avantageux, de faire valoir une face aux dépens d'une autre moins intéressante, et de mettre en évidence des détails qui souvent ne peuvent être bien vus que dans une direction très-différente de la diagonale du cube isométrique.

748. Si, pour éviter ce dernier inconvénient, on place l'objet obliquement dans l'angle formé par les deux plans verticaux isométriques (*fig.* 14 et 18), on altère alors, non-seulement toutes les dimensions rectilignes, mais encore les dimensions angulaires; ce qui ne dispense pas des projections (*fig.* 14 et 13), sans lesquelles on ne peut pas construire la perspective : d'où il résulte que l'objet n'est pas, comme le prétend l'auteur, déterminé par une seule figure, puisque l'on est obligé d'en construire trois.

Si l'objet est un solide de révolution (*fig.* 9), toutes les dimensions sont également altérées, et l'on perd de plus le profil ou section méridienne (*fig.* 13), sans laquelle on ne peut rien exécuter.

Ensuite, toute personne qui a l'habitude de la perspective sait très-bien que lorsqu'il s'agit d'un objet un peu composé, on ne peut obtenir un résultat satisfaisant qu'en supprimant les lignes cachées, parmi lesquelles il y en a souvent qui sont indispensables pour l'exécution de l'objet. Il est donc évident que la perspective isométrique ne peut pas remplacer les projections, sur lesquelles les plus petits détails *vus ou cachés* restent toujours parfaitement déterminés.

749. Si l'on considère la perspective isométrique comme une projection, il est évident que l'on n'aura rien gagné du côté de la simplicité et surtout de l'exactitude.

En effet, le rectangle et le cercle suivant lesquels se

projette un cylindre circulaire, sur les plans parallèles et perpendiculaires à son axe, sont bien certainement plus simples que la *projection unique* du même cylindre sur le plan perpendiculaire à la diagonale du cube isométrique circonscrit, et l'on sait d'ailleurs, que le rectangle suffit à l'ouvrier pour exécuter le cylindre.

750. Si pour n'avoir qu'une seule projection, on inclinait un monument ou une machine, jusqu'à ce que les verticales projetantes fassent avec l'horizon un angle égal à *n'o'h* de la figure 16, la *projection unique* que l'on obtiendrait serait infiniment moins simple que les deux projections verticales et horizontales ordinaires.

Si l'on projetait toutes les charpentes d'un comble droit sur un plan incliné, cette *projection unique* pourrait-elle entrer en comparaison avec le plan et la projection verticale de la ferme de long pan, qui suffisent presque toujours pour déterminer les dimensions de toutes les pièces du comble?

Enfin, si un ouvrier chargé de l'exécution d'un corps quelconque n'avait pour diriger son travail qu'un dessin exécuté en perspective isométrique, je ne crains pas d'affirmer, et tous les praticiens seront de mon avis, que la première chose qu'il aurait à faire serait de redresser l'objet dont il s'agit, et de le remettre en quelque sorte sur ses pieds, puis de dessiner avec soin le plan et l'élévation, sans lesquels il lui serait impossible d'exécuter le travail.

751. Si l'on objectait que l'on veut surtout obtenir une perspective de l'objet, je dirais qu'alors il faut renoncer à l'exactitude des dimensions.

En effet, c'est en altérant les dimensions, et non en les conservant, que l'on peut reproduire la forme apparente des corps. C'est principalement par le contraste qui existe entre les lignes raccourcies et celles qui ne le sont pas, ou qui le sont moins, que l'on produit ou que l'on augmente l'illusion. Si deux lignes égales dans l'espace sont égales en projections, on sera privé des moyens d'apprécier leur position relative.

752. La perspective et les projections n'ont pas le même but. La perspective exprime la forme apparente, et les projections la forme réelle.

Le but n'étant pas le même, les moyens doivent différer entre eux; prétendre exprimer en même temps la forme réelle et la forme apparente, c'est demander deux choses contradictoires; et si l'on veut réunir sur un même dessin la perspective et les projections, on aura d'un seul coup (*fig.* 9) une mauvaise projection et une mauvaise perspective : cela sera comme ces meubles à tout faire, qui, selon l'inventeur, doivent remplacer à la fois le lit, la commode et le secrétaire, et qui en réalité ne remplacent rien du tout.

753. L'auteur croit simplifier le problème en remplaçant par des lignes inclinées, les horizontales, que l'on obtient si rapidement en faisant glisser un té sur le bord d'une planche à dessin. Pour conserver la grandeur, ou plutôt le rapport de grandeur des droites parallèles aux arêtes du cube isométrique, il sacrifie l'exactitude des faces et des arêtes parallèles aux plans ordinaires de projection. Enfin, parce qu'il ne conserve que le résultat, il croit n'employer qu'un seul plan de projection, tandis qu'il y en a réellement six, savoir : le plan de l'épure, qui est perpendiculaire à la diagonale du cube isométrique; ensuite les trois faces de ce cube, qui sont elles-mêmes des plans de projections; puis enfin les deux projections ordinaires, sans lesquelles on ne peut pas construire la perspective.

lorsque les faces de l'objet ne sont pas parallèles aux plans isométriques.

754. Et puis, comment construira-t-on les *rabattements* des faces planes et les *développements* des surfaces courbes, sans lesquels on ne peut rien exécuter.

755. J'espère avoir convaincu que la nouvelle méthode ne peut pas remplacer les projections, mais il est également certain qu'elle ne peut pas remplacer la perspective cava-lière ; d'abord, et *surtout*, parce qu'elle doit être exécutée avec le compas (731) ; ensuite, parce qu'elle donne une figure trop symétrique lorsque les faces principales sont parallèles aux plans isométriques (*fig.* 15) ; enfin, parce que dans la perspective des objets placés obliquement elle donne presque toujours un mauvais résultat, comme on peut s'en convaincre par l'examen des figures 9 et 18.

756. En effet, pour n'avoir rien à me reprocher, j'ai construit, par cette nouvelle méthode la perspective du vase qui est projeté (*fig.* 13 et 14).

J'ai obtenu la figure 9, qui paraîtra évidemment vicieuse à quiconque aura le sentiment du dessin.

Ainsi, l'angle YAX n'est pas assez ouvert, les ellipses sont trop arrondies, et leur superposition fait paraître l'objet trop près de l'œil ; tandis que le parallélisme des arêtes du socle produit l'effet d'un objet éloigné, et l'impression désagréable qui résulte de ces deux sensa-tions contradictoires suffit pour détruire ou au moins pour diminuer considérablement l'illusion.

757. La figure 9, vue de face, produit l'effet d'un vase penché en avant, au lieu d'un vase vertical ; et si l'on veut obtenir un peu d'illusion, il faut placer son œil au-dessus

du cadre, à la hauteur du mot perspective et environ à deux décimètres de distance de la feuille de dessin, comme si l'on voulait regarder une de ces images curieuses que l'on nomme *anamorphoses*, et qui, déformées avec intention, ne produisent d'effet qu'en inclinant le tableau par rapport au rayon visuel.

On obtiendra peut-être un résultat satisfaisant lorsqu'il s'agira d'un objet très-plat, qui serait posé sur une table et que l'on regarderait d'un point de vue très-élevé; mais lorsque cet objet aura beaucoup de hauteur, il paraîtra toujours penché en avant.

Ainsi, la perspective isométrique ne pourra servir que dans quelques circonstances exceptionnelles; et, dans tous les cas, les nombreux mouvements de compas nécessaires pour transporter les dimensions, des projections sur la perspective isométrique de l'objet, seront bien certainement moins simples que les opérations par lesquelles, *en faisant glisser une équerre sur une règle*, on peut obtenir si rapidement la perspective cavalière (733).

Il est d'ailleurs évident que la méthode proposée *ne dispense pas des projections*, sans lesquelles on ne peut pas obtenir la perspective isométrique.

Enfin, cette méthode ne pouvant pas être obtenue *sans le secours de la règle et du compas*, ne sera d'aucune utilité pour exprimer la pensée des professeurs, des ingénieurs et des chefs d'ateliers.

758. Je n'aurais pas attaché à la question qui précède une aussi grande importance, si je n'avais cru y reconnaître une suite de cette tendance malheureusement trop répandue dans l'esprit de quelques théoriciens, qui croient préparer aux applications en cherchant à ramener tout à un seul principe. Il y a des professeurs qui hésitent à employer des plans auxiliaires de projection; ils pensent

simplifier la géométrie descriptive en réduisant tout aux deux projections ordinaires, et voudraient, s'il était possible, n'en employer qu'une seule.

On parviendrait peut-être, en suivant cette voie, à créer une géométrie descriptive de fantaisie qui pourrait donner lieu à des questions amusantes d'école ou d'examen ; mais on aurait alors une science qui ne servirait à rien.

Je l'ai dit déjà bien des fois, c'est en modifiant les méthodes dans chaque cas, suivant les circonstances particulières, que l'on devient habile praticien ; et quelque étrange que cela puisse paraître, je crois devoir le répéter encore : lorsqu'on veut ramener toutes les opérations à une méthode générale et unique, on agit comme un ouvrier qui voudrait exécuter tout avec un seul outil. Peut-être, avec beaucoup de temps et de patience, parviendrait-il à faire un travail remarquable, mais il emploierait dix fois plus de temps et ne ferait pas mieux.

Celui qui veut remplacer les deux plans de projection de la géométrie descriptive par un seul, ressemble à un menuisier qui, ayant une scie et un rabot, trouverait que deux outils sont trop embarrassants, et jetterait la scie prétendant qu'avec son rabot il pourra très-bien réduire sa planche à la largeur ou à la longueur qui lui conviendra.

759. Non-seulement les deux plans de projection sont plus utiles et infiniment plus commodes qu'un seul, mais celui qui voudrait se borner aux deux projections principales d'un corps un peu composé, ne pourrait presque rien faire en applications.

La construction d'un grand monument exige les plans d'ensemble, les plans de tous les étages, des élévations, des profils, des coupes dans tous les sens ; les plans de projection particulièrement utiles aux tailleurs de pierres, aux

charpentiers, aux serruriers ; les développements et rabattements de toute espèce qui sont autant de plans de projection différents ; et tout cela est infiniment plus simple
que *deux* et surtout *qu'une seule projection*.

760. La question la plus composée se réduit presque à
rien lorsqu'on sait la décomposer, et c'est ce que l'on fait en
géométrie descriptive en employant des projections particulières pour chaque partie de la question principale, de
même que dans l'analyse algébrique, on emploiera une
formule particulière pour chaque cas particulier.

Dans la transformation des coordonnés, par exemple,
on n'emploie jamais les formules générales qui condui-
raient à des calculs trop composés. On préfère décomposer
la question. Ainsi, on commencera par transposer l'origine, et l'on changera ensuite la direction des axes ; ou
bien on commencera par changer la direction des axes, et
puis on transposera l'origine ; mais on ne fera jamais les
deux choses en même temps. Eh bien! de même, dans les
applications de la géométrie descriptive, c'est l'introduction continuelle de nouveaux plans de projection qui
permet de réduire les questions les plus composées à un
certain nombre de questions simples.

761. Enfin, lorsque l'on est embarrassé pour comprendre une épure sur laquelle il y a deux plans de projection, il faut en introduire de nouveaux pour dégager
les parties du dessin où les lignes sont trop nombreuses
ou trop rapprochées ; et si lon trouve que deux projections
sont plus difficiles à comprendre qu'une seule, il faut
renoncer à la géométie descriptive, ou du moins à ses applications.

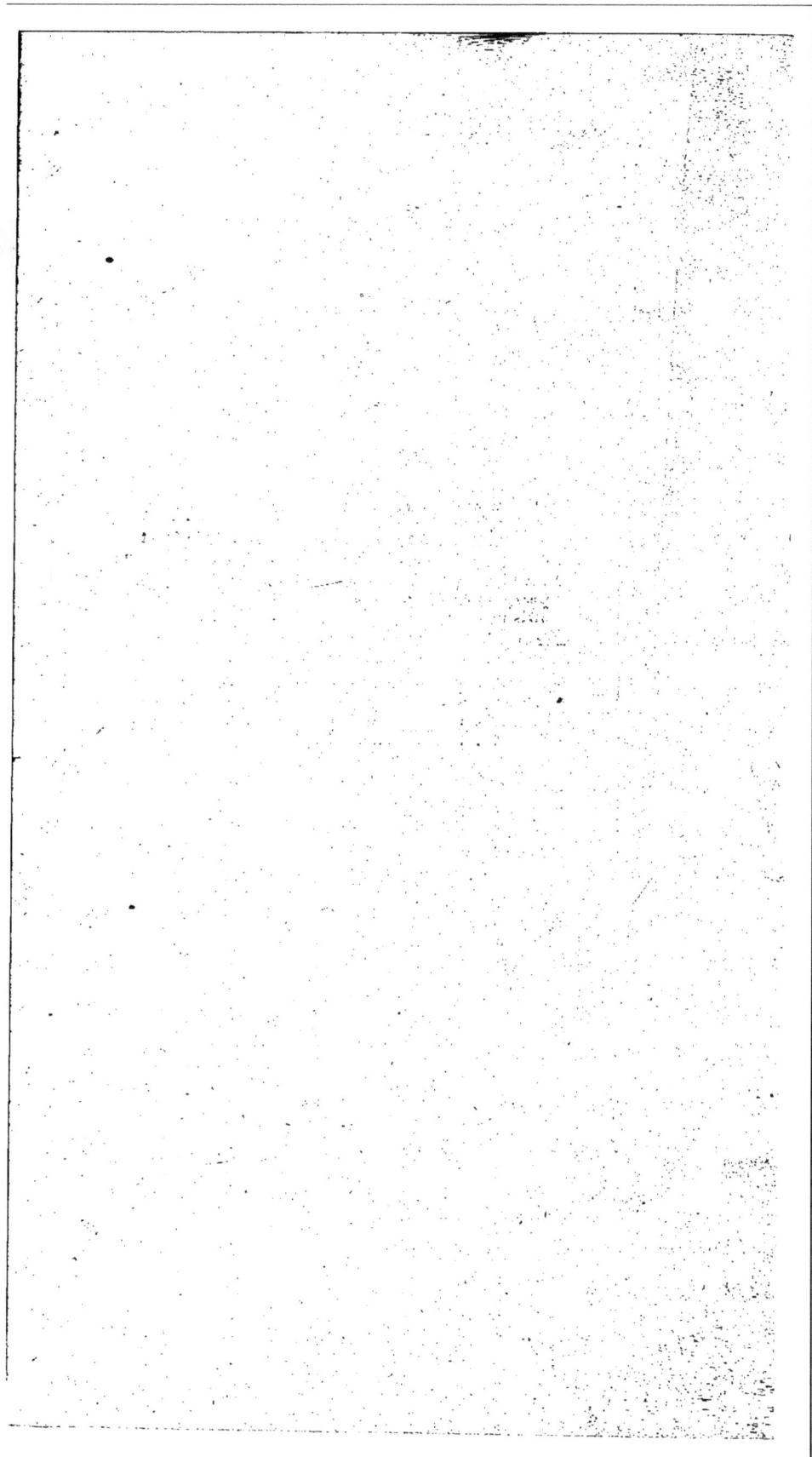

COURS

DE MATHÉMATIQUES

A L'USAGE

DE L'INGÉNIEUR CIVIL,

PAR J. ADHÉMAR.

EN VENTE :

Chaque Traité se vend séparément.

PARIS.

CARILIAN-GŒURY et Vᵒʳ DALMONT, Libraires,
quai des Augustins, 49;
HACHETTE et Cᵉ, rue Pierre-Sarrazin, 14;
MATHIAS, quai Malaquais, 15.
1852.

IMPRIMÉ PAR E. THUNOT ET Cᵉ, RUE RACINE, Nᵒ 26.

www.ingramcontent.com/pod-product-compliance
Lightning Source LLC
Chambersburg PA
CBHW071911200326
41519CB00016B/4572